Manual de Buenas Prácticas Ganaderas en Unidades de Producción que participan en el Corredor Pacífico Sur Guerrerense.

Organización para los Pueblos Indígenas y Campesinos; OPIC, A.C.

Proyecto Integral de Capacitación 2012.

Instituto Nacional para el Desarrollo de Capacidades del Sector Rural; INCA Rural, A.C.

Diseño y Coordinación Académica PIC
M.C. Ramón Alfonso Herrera

Abril 2013.

OPIC, A.C.

Número de Control de la Biblioteca del Congreso de EE. UU.:   2013907122
ISBN: Tapa Dura   978-1-4633-5610-1
                   Tapa Blanda   978-1-4633-5611-8
                   Libro Electrónico   978-1-4633-5615-6

Para realizar pedidos de este libro, contacte con:
Palibrio
1663 Liberty Drive
Suite 200
Bloomington, IN 47403
Gratis desde EE. UU. al 877.407.5847
Gratis desde México al 01.800.288.2243
Gratis desde España al 900.866.949
Desde otro país al +1.812.671.9757
Fax: 01.812.355.1576
ventas@palibrio.com
433368

Índice

PRESENTACIÓN

El presente material fue elaborado como componente de difusión y apoyo didáctico en los talleres de aula y acciones formativas con productores ganaderos que participan en la estrategia regional de corredor ganadero Pacífico Sur Guerrerense que la Organización para los Pueblos Indígenas y Campesinos, OPIC, Asociación Civil diseño como componente de Extensionismo y desarrollo de Capacidades.

El manual es producto de la recopilación de materiales brindados a los productores durante los talleres formativos y reforzado con contenidos temáticos inéditos que compartieron el grupo consultor, se agradece a la Agencia de desarrollo BACAS, S.C. así como al INIFAP paso del Toro Veracruz y la Agencia de Servicios Integrales para el Desarrollo Rural en Guerrero, S.C. por la recopilación de los contenidos temáticos.

Glosario de buenas prácticas en ganadería bovinos carne (BPG).

Las Buenas Prácticas Ganaderas (BPG) se refieren a todas las acciones involucradas en el eslabón primario de la ganadería bovina, encaminadas al aseguramiento de la inocuidad de los alimentos carne y leche, la protección del medio ambiente y de las personas que trabajan en la explotación.

Inventario Ganadero: Proceso para identificar los animales adultos y jóvenes con arete de plástico a través de números progresivos y obtener altas y bajas en el mes.

Registros económicos de ingresos y egresos: Venta de leche y animales, además de compra de insumos, estimar y conocer datos económicos de rentabilidad.

Registros de crías (machos y hembras): Los machos a la venta y hembras para posible reemplazos de vientres.

Leche materna en los primeros meses de vida: Garantizar la toma de calostro como principal alimento y estimulación temprana del becerro.

Suplementación de minerales de calidad: Macro y micro minerales de alta biodisponibilidad, ofrecer al ganado todo el año, de acuerdo a su etapa productiva y demandas nutricionales, aumentarán los indicadores productivos y reproductivos.

Suplementación de subproductos y dietas balanceadas: Además del forraje verde (pastoreo) ofrecer dietas balanceadas con aporte de energía, proteínas, minerales y vitaminas ADE.

Suplementación de forrajes de corte verde: Alternativa para suplementar los requerimientos nutritivos necesarios en época de sequía.

Pastoreo: Esencial en la alimentación diaria, pero a veces de baja calidad nutritiva.

Diagnóstico de palpación transrectal: Para determinar la gestación y selección de hembras y/o tratamiento, información obtenida de las hembras adultas para calcular futuros partos y también observar problemas en algunas de ellas.

Toros con calidad genética y monta natural: Futuros hijos rendirán mejor peso y rendimiento en canal.

Inseminación artificial: Técnica de gran calidad para aportar crías de varios toros genéticamente probados.

Bacterina contra Clostridium y ántrax: Vacunación, actividad en medicina preventiva que siempre será a bajo costo evitando la muerte en los animales.

Vacuna contra el Derriengue (Rabia paralítica bovina): Vacunación del hato que previene la enfermedad con riesgo a la salud humana, de interés público.

Campaña zoosanitaria para el control de brucelosis y tuberculosis bovina: De carácter federal, ver estatus sanitario en la región y comunicar con el comité estatal de sanidad animal para establecer acciones preventivas y de control.

Análisis de heces fecales y tratamiento: Diagnóstico de parásitos en laboratorio y tratamiento integral de parasitosis en el hato.

Desparasitación de adultos: Estrategia preventiva para desparasitar de acuerdo a la época del año, infestación y control.

Desparasitación de crías: En animales jóvenes se debe hacer en más de tres desparasitaciones al año por ser la etapa de mayor susceptibilidad.

Diagnóstico de mastitis subclínica: Técnica preventiva que evita la pérdida de hembras productivas por enfermedad de la ubre.

Baño garrapaticida: Aplicar por cada bomba de mochila (20 litros) a 5 animales adultos máximo, diagnosticar que productos ixodicidas son resistentes o sensibles, más un inhibidor del crecimiento.

Paquete tecnológico con la finalidad de aplicarlo en las Unidades de producción pecuaria en el corredor Pacifico Sur Guerrerense (trópico húmedo y seco).

Este paquete tecnológico aportara criterios para definir la selección de becerros en el acopio de corrales de engorda, se enuncian las principales actividades que se deben de realizar en los ranchos y están concentrados en un ciclo de un año, usando el calendario de actividades.

Actividades	Enero	Febrero	Marzo	Abril	Mayo	Junio	Julio	Agost	Sep	Oct	Nov	Dic
Inventario Ganadero.	X	X	X	X	X	X	X	X	X	X	X	X
Registros económicos Ingresos y egresos.	X	X	X	X	X	X	X	X	X	X	X	X
Registros de crías.	X	X	X	X	X	X	X	X	X	X	X	X
Calostros.	X	X	X	X	X	X	X	X	X	X	X	X
Suplementación mineral.	X	X	X	X	X	X	X	X	X	X	X	X
Sup. Subproductos y dietas.	X	X	X	X	X	X	X				X	X
Sup. Forrajes de corte verde.	X	X	X	X	X	X	X					X
Pastoreo.	X	X	X	X	X	X	X	X	X	X	X	X
Diagnostico reproductivo y Selección de hembras.		X	X						X	X		
Monta natura Toro	X	X	X	X	X	X	X	X	X	X	X	X
Inseminación artificial.	X	X	X	X	X	X	X	X	X	X	X	X
Vacunación Bacterina Clostridium y ántrax.		X	X	X					X	X	X	
Derriengue.	X			X			X			X		
Campaña Brucela y Tub.				X						X		
Análisis de heces y tratam.	X					X					X	
Desparasitación crías.		X				X				X		
Diag. Mastitis Subclinica,	X	X	X	X	X	X	X	X	X	X	X	X
Baño garrapaticida y mosco.	X	X	X	X	X	X	X	X	X	X	X	X
Pastoreo Intensivo Tecn.	X	X	X	X	X	X	X	X	X	X	X	X
Conservación forrajes heno.	X		R									X
Conservación forrajes silo.			R	R						X	X	
Análisis de suelo (perfil)		X				X						
Fertilización N y Triple 17.		X				X						

Manejo de potrero, Barbecho o labranza cero.			X	X						R
Control maleza y plagas.	X			X				X		
Cercos vivos.		X	X	X				X	X	
Reforestación maderables y No maderables de la región.						X	X			
Siembra de pastos Mejorados: Tanzania, Insurg.	R									
Resiembra de pastos: Zacatón, llanero y otros.	R					X				
Siembra pastos de corte.	R					X				
Siembra de maíz/sorgo (silo).					X	X				
Cerco eléctrico.	X	X	X	X	X	X			X	X

R= Riego.

Prácticas ganaderas en Centros de engorda en corral.

MVZ ESA. Víctor Gregorio Romero Aguilar.

Innovaciones.

1.- Compra del ganado.

2.- Lotificación y manejo del ganado a la recepción.

3.- Implantación del ganado.

4.- Recomendaciones mínimas para las instalaciones.

5.- Consumo de alimento.

6.- Alimentación del ganado.

7.- Costo de la ración.

8.- Manejo del comedero.

9.- Reparto de alimento.

10.- Manejo sanitario.

1.- Compra de Ganado.

- Contenido.
- Un repaso al interior del corral.
- Información importante.
- Indicadores.
- Herramientas técnicas.

El propósito de este capítulo es conocer los indicadores que se deben tomar en cuenta para la compra de ganado y lograr así un mejor producto final. Ofrece una revisión de los aspectos técnicos que permiten desarrollar de una forma más efectiva esta actividad.

Un repaso al interior del corral:

El propósito de engorda comienza con la compra del ganado. Sin embargo, por lo general es una actividad que está descuidada en las empresas productoras de carne. Muchas veces se mezcla ganado de pesos. Sexos y razas diferentes porque se confía en que el proceso de engorda permitirá obtener un producto homogéneo.

Información importante:

El peso de llegada al corral tiene un efecto en la productividad y la eficiencia, específicamente en la ganancia diaria de peso (GDP), la conversión alimenticia (CA), el costo - ganancia (COG). El rendimiento y consecuentemente el ratio o diferencial entre la productividad observada y la esperada. Por ello se debe poner especial cuidado en esta tarea.

Indicadores:

Algunos indicadores que se deben considerar en la compra de ganado son los siguientes:

1.- Precio de compra.

La compra del ganado que se va a engorda está en función, principalmente, del precio de compra del ganado en la región También se debe tener en cuenta el precio del alimento y precio esperado del ganado al sacrificio.

2.- Peso de compra.

Se recomienda comprar ganado **liviano**. Los animales que entran al corral con más de 300 kg. son menos productivos, cuando se adquiere este tipo de ganado, generalmente también se compran problemas.

La única circunstancia en la cual se podría aceptar su comprar es que tenga buena calidad, por ejemplo, de 1.5 hacia abajo (en escala de 1 a 4).

En comparación con los animales que entran livianos al corral, los pesados consumen la misma cantidad de aliento pero ganan un peso menor al esperado. Por eso se estima que para garantizar un proceso de engorda, **el peso ideal de compra es de 220 a 290 kilogramos.**

No es conveniente tampoco adquirir hembras de más de 300 kg. porque su margen de utilidad es muy reducida debido a su comportamiento de alto riesgo. Estas hembras, las cuales pueden considerarse de desecho. Los gastos de traslado al corral y, por otro, que afecten negativamente la eficiencia de la operación.

En vacas se recomiendan 60 días de estancia y en vaca-vaquilla de 70 a 90 días como máximo.

3.- Condición del ganado.

En combinación con el peso de compra, la condición corporal (medición subjetiva de las reservas energéticas del ganado: 1 a 9 en ganado productor de carne) desempeña un papel importante. Es conocido en los animales, por estrés y el traslado, pierde peso. **El reto es recuperar el peso de compra en 11días.**

Se ha determinado que si tardan más de 15 días en recuperar dicho peso el comportamiento del ganado será malo durante todo el periodo. La baja condición corporal del ganado es un ejemplo de una baja productividad, que puede deberse a:

- Un manejo deficiente de la engorda.
- Que se recibió ganado flaco, enfermo o golpeado, lo que implica además que se perderán algunos animales antes de iniciar la engorda.

Lo ideal será comprar ganado preengordado, lleno y en buenas condiciones, porque hay una diferencia 100 gramos de ganancia diaria de peso entre los animales que saben utilizar los comederos y los no habituales a ellos. **La condición corporal del ganado es un criterio que puede utilizarse para evaluar el grado de productividad alcanzada en determinado momento del proceso.**

4.- Efecto de la época del año.

Según las diferentes condiciones climáticas del país, es recomendable asegurarse de que se compre ganado liviano para que salga al mercado durante una época específica del año.Por ejemplo, durante la época de calor es preferible que llegue ganado liviano porque su consumo es menor (aproximadamente 1 kg. menos que el ganado grande). Por lo consiguiente su costo de mantenimiento será menor. A pesar de que se GDP es menor, ésta se encuentra en función del consumo, Asimismo, en el ganado chico (con consumos de 6 a 7 kg.), los efectos de la lluvia y el lodo son menores que en el ganado grande (con consumos de 9 kg en base seca). **La recomendación es adquirir ganado ligero en febrero para que en la época de lluvias (agosto-septiembre), tenga 400 kg de peso vivo y consumos de 6 a 7 kg. que no les afectan mucho en cuanto a producción de calor.**

5.- Calidad del ganado.

La calidad del ganado, conocida también como estructura corporal o frame size, depende de una serie de factores, entre los que intervienen la alzada y la musculatura. Su importancia radica en que tiene una relación directa con la productividad de los animales en el corral.

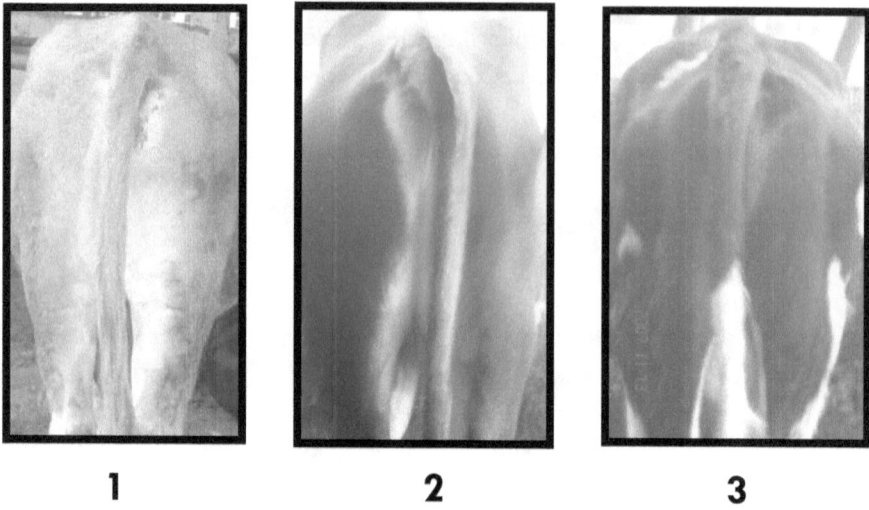

Fig. 1 Esquema de la estructura corporal o frame quality (imágenes de MVZ Víctor Gregorio Romero Aguilar).

Para determinar la calidad del ganado se utiliza una clasificación numérica del 1 al 3, de acuerdo con la orientación de los músculos de la pierna. Si consideramos una vista posterior del animal, se califica de la siguiente manera:

- Si los músculos se orientan hacia afuera se clasificación es de **1.**
- Si los músculos se orientan en línea recta su clasificación es de **2.**
- Si los músculos se orientan hacia adentro se clasifican como **3.**

Existe además la posibilidad de clasificar ganado con un número mayor que 3 si se combinan aspectos de alzada, edad, actitud y carácter.

- **Alzada:** altura de la cadera. Se reconoce que si un animal es muy alto, ello significa que también su peso a la madurez lo va a alcanzar a una mayor altura.
- **Edad:** inicialmente se considera que es inversamente proporcional a la calidad, es decir, a mayor edad menor calidad.
- **Actitud o disposición:** preferentemente se debe seleccionar ganado con ojos brillantes y abiertos. El ganado de ojos abiertos se clasifica como 1, el que los tiene medio abiertos 2, y el que los tiene cerrados como 3. Si bien es importante

recordar que el maltrato y el estrés cambian el aspecto del ganado, es característico de animales con calidad de 1 que estén bien despiertos.

- **Carácter** (alerta, nervioso, con la cabeza baja, etc.): forma parte de la clasificación de la calidad del ganado y se reconoce que los animales que están alerta tienen un mejor comportamiento.

ALTURA DE LA CADERA

Fig. 2 Esquema de la altura del Ganado (imagen de MVZ Víctor Gregorio Romero Aguilar).

Estas características de la calidad del ganado contribuyen a explicar la variación en la respuesta del animal: la alzada con 50%, la actitud 30% y la estructura corporal con 20%.

6.- Clasificación inicial.

Es importante recordar que hay dificultad para clasificar al ganado recién llegado por la deshidratación y el estrés del transporte. Por ello se debe imaginar al ganado con el agua y alimento que le falta. **Se sugiere clasificarlos cuando ya están rehidratados, es decir, cuando ya iniciaron la engorda. Un animal más flaco recién llegado puede ser de mejor calidad que otro corporalmente más lleno y más días en la engorda. El mejor momento para clasificar el ganado es 21 días después de su llegada al corral.**

15

7- Rechazo de animales.

Debe existir un rechazo mínimo por la mala calidad del ganado de 0.5% hay que identificar a los animales retrasados y en dos semanas decidir si continúan en la engorda o se les elimina.

Fig. 3 Recepción del ganado de media ceba a centro de engorda y finalización (imágenes de MVZ Víctor Gregorio Romero Aguilar).

Se sugiere separar el ganado corriente desde la recepción para su venta ya que su productividad es baja. Al establecer los criterios de rechazo de ganado se debe considerar su peso, condición corporal, calidad, actitud, edad (de acuerdo con el número de paletas presentes), alzadas y carácter.

8. Calidad del ganado por regiones

La calidad del ganado bovino en México tiene un promedio de clasificación de **2**. Se ha identificado, de manera general, que la calidad del ganado bovino depende de su origen:

- El de Nayarit tiene una calidad de **2.5 a 2.0**
- El de Sinaloa tiene una calidad de **2.0**
- El de Tamaulipas (huastecas) es de calidad **1.5**
- El de Chihuahua es de calidad **1.0.**

Comentario.- Comparativamente, el ganado proveniente de Nicaragua que se finaliza en Mexicali ha disminuido su calidad, pues de tener una GDP de 1.6, ahora es de 1.40 a 1.45 kg. antes la calidad del ganado era superior (**1.5**) y tenía una mayor capacidad para ganancia compensatoria durante un periodo de 110 días. En la actualidad tiene el hueso más fino y un peso inicial más bajo, considerándose su calidad como 2 a 2.3.

9. Efecto de la calidad del ganado en la productividad.

Considerando, el criterio de clasificación de 1 a 4 se acepta que por cada punto que se reduce la calidad hay una baja en la GDP de 0.15 kg. Este indicador debe relacionarse con la respuesta productiva del ganado que se finaliza en el corral. Algunos ejemplos de la relación entre calidad del ganado y la GDP se presentan en el cuadro.

Ejemplos:

Calidad del ganado	Ganancia Diaria de Peso (GDP)
2.50	1.20 kg
1.75	1.30 kg
1.50	1.35 kg

Nota: En caso de las hembras hay que cuidar de manera particular su calidad, peso de entrada, su edad y la presencia de cuernos. Por lo general las que ingresan al corral con más de 300 kg no se comportan bien. Son los animales pesados de un grupo de ganado y se debe evitar su compra. Tiene un menor rendimiento, comen de 7 a 8 % más alimento de lo que producen y tiene una GDP más baja.

Herramientas técnicas.

El siguiente encabezado de una hoja de registro es un ejemplo que puede utilizarse para llevar el control, desde el inicio, el proceso de engorda en corral.

Hoja de Registro 1; Recepción.

Fecha	Arete	Sexo	Peso kg	Calidad	Observaciones

Fig. 4 Instalaciones del Centro de acopio y finalización de ganado bovino (imagen de MVZ Víctor Gregorio Romero Aguilar).

2.- Lotificación y manejo del ganado a la recepción.

- Contenido.
- Un repaso al interior del corral.
- Información importante.
- Recomendaciones para la notificación.
- Herramientas técnicas

El propósito de este capítulo es conocer los indicadores que se deben tomar en cuenta para realizar una lotificación adecuada en la formación de corrales para ganado de engorda. Asimismo, se ofrece una revisión de los aspectos técnicos que permiten desarrollar con más eficiencia nuestro trabajo en el corral.

Un repaso al interior del corral.

Muchas veces se recibe más ganado del que se puede procesar y acomodar en los corrales, ocasionando que, por causa de la sobrepoblación, no se les pueda ofrecer una ración adecuada o que sólo se les proporcione forraje. En otras ocasiones no se tiene el cuidado de separar a los animales por sexo, raza o edad, lo que provoca que el producto final no sea lo esperado.

Información importante.

Lotificar.- Quiere decir separar el ganado por grupos homogéneos. La falta de homogeneidad en los lotes contribuye a aumentar la variabilidad (coeficiente de variación de la eficiencia en la utilización de energía de la dieta o *ratio*) en la respuesta productiva. Las diferencias en la calidad, edad y peso del ganado se traducen en una disminución del comportamiento productivo de los animales con una calidad constante.

Fig. 5 Lotes de ganado clasificado en el centro de acopio y finalización de engorda bovina. (imagen de MVZ Víctor Gregorio Romero Aguilar).

Otros aspectos que contribuye a aumentar el coeficiente de variación es la transferencia de ganado de un corral a otro cuando ya se inició el proceso de engorda. Se ha establecido que cuando no hay transferencia se tiene 0.7 % más de rendimiento en canal.

Recomendaciones para realizar la lotificación del ganado.

1. Clase de ganado.

Para lotificar hay que clasificarlo de acuerdo con su peso al ingresar al corral en formación. La clasificación de los animales se realiza como sigue:

- Clase 1: de menos de 200 kg.
- Clase 2: de 200 a 250 kg.
- Clase 3: de 250 a 300 kg.
- Clase 4: de 300 a 350 kg.
- Clase 5: de más de 350 kg.

En la relación con el peso de entrada hay que recordar que si se inicia más pesado es el que peor se comporta. Esta situación se nota más en los machos que en las hembras.

2. Origen, edad y sexo del ganado.

Como segundo paso, hay que hacer otra separación de los animales por origen, edad y sexo. No es Conveniente mezclar ganado de diferentes orígenes ni machos enteros con novillos, ya que esto ocasiona una perdida en la eficiencia productiva de 4 a 5 %. Tampoco se deben mezclar vaquillas con vacas ni becerras.

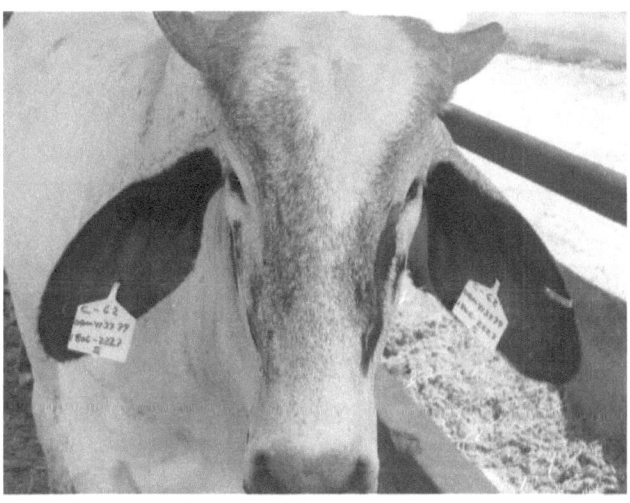

Fig. 6 Identificación del origen y número del animal con aretes (imagen de MVZ Víctor Gregorio Romero Aguilar).

Los machos y las hembras no deben estar en corrales cercanos; se recomienda hacer líneas de corrales de un solo sexo. Con este criterio de acomodo se espera un mejor comportamiento del ganado, particularmente de las hembras.

3. Tamaño de los corrales.

En tercer lugar, se tiene que considerar el tamaño de los corrales. En este sentido, se ha comprobado que se éstos son homogéneos y chicos mejora el comportamiento de los animales. Para obtener lotes homogéneos puede destinarse un área para manejar a los animales en las dietas F1 y F2 y luego trasladarlos a otra parte del corral para que reciban las dietas F3 a F5.

Fig. 7 Lotes homogéneos en el centro de acopio y finalización de ganado en corral (imagen de MVZ Víctor Gregorio Romero Aguilar).

Se recomienda formar corrales de 50 cabezas. Con un rango máximo de 20 kg de peso de diferencia. Las F1, F2, F3, F4 y F5. son las etapas del ciclo de engorda, en la fórmula de la ración, tiene que ir a criterio del Nutriólogo.

4. formación de los corrales.

Algunas recomendaciones para la lotificación de los corrales son:

a) Formar los corrales en dos o tres días, con un máximo de cinco días, para que el ganado recupere su peso de origen a más tardar en 15 días. En general las hembras se recuperan más fácilmente.

b) Cuando se estén formando los corrales, debe incrementarse la detección de animales enfermos los primeros 21 a 30 días de su llegada, que son los de más riesgo. En ese periodo hay que monitorear constantemente el consumo de alimento y agua. Para estimular el consumo se puede agregar bicarbonato de potasio a la dieta durante una semana.

c) Los lotes con animales de desecho son de alto riesgo; deben revisarse dos veces al día, poner cuidado en el consumo de agua y de alimento y proporcionar la ayuda especial que se requiera.

Los animales enfermos deben enviarse a la enfermería cuando sea necesario. Si se curan en tres a cuatro días se regresan a su corral, pero si se atrasan es recomendable hacer corrales con 10 a 15 animales con peso similar. En el caso de animales crónicos, lo mejor es enviarlos a la pradera si se presume su recuperación o al rastro.

5.- Alimentación.

Ya en el corral, la alimentación del ganado se inicia con la dieta F1 (ración inicial), y se debe proporcionar hasta que los animales consuman 6.5 kg en base seca durante los últimos siete días, para de ahí enviarlos a la pradera (en caso de que no haya praderas disponibles, se debe continuar con el programa de alimentación). El plan puede incluir la estancia en el corral durante 28 días antes de salir a la pradera.

El cambio de dieta F1 a F2 debe realizarse en 21 días o cuando los animales consuman de 6 a 6.5 kilogramos de alimento en base seca. Este es el momento para eliminar al ganado improductivo y mandarlo a rechazo. Este no debe permanecer más de nueve días en el corral de recepción debido a su costo de alimentación.

6.- Transferencia.

Nunca se deben realizar transferencia de ganado que se encuentre en raciones inicial (F1) ya que pueden alargarse los días de consumo. La transferencia favorece al ganado pesado y perjudican al liviano debido a las diferencias de consumo, mismas que se traducen en cambios en el comportamiento productivo y en el proceso final.

7- Envío de ganado a las praderas.

Donde es posible establecerlo, el envío de ganado a las praderas para que gane peso y tenga un mejor comportamiento en el corral, ha demostrado ser una práctica rentable porque las GDP que se obtiene en la pradera se mantienen en el corral y son superiores a las de animales que entran directo al corral. Cuando se recibe un corral con ganado grande y chico de animales cruzados, el primero puede ir a la pradera cuando esté sano y el segundo quedarse hasta que desarrolle su capacidad ruminal y esté para aprovechar la pradera. Se recomienda que permanezca en el corral de 21 a 28 días consumiendo la ración F1.

Se sugiere separar a los animales más grandes y proporcionales una buena dieta en el corral. Estos animales, particularmente los machos, tienen un mayor costo de mantenimiento y por ello no conviene mandar toros a las praderas. El ganado de calidad 2 y mediana estatura es el que debe mantendrá a la pradera, es decir no mandar ganado de menor calidad que no tenga capacidad de ganar rápido en el corral.

Es importante que en la operación, el kilo producido en la pradera no sea más caro que el costo de ganancia en el corral (COG)

Herramientas técnicas.

La siguiente hoja de registro puede utilizarse para el control de la lotificación.

Hoja 2 de Registro para lotificación.

Fecha	Arete	Sexo	Peso kg	Calidad	lote

3.- Implantación del ganado.

- Contenido.
- Un repaso al interior de la actividad.
- Información importante.
- Técnica de implantación.

El objetivo de esta sección es destacar la importancia de contar con un esquema de implantación adecuado a la edad y al sexo del ganado, así como determinar el mejor momento para aplicarlo.

Un repaso al interior de la actividad.

A pesar que se reconoce los efectos positivos de la implantación del ganado en su productividad, no se evalúa la eficiencia de este proceso y en la mayoría de las ocasiones se asume que funciona adecuadamente.

Información importante.

Un implante o promotor del crecimiento consiste de una o varias pastillas (pellet) que se colocan en el tercio medio de la cara posterior de la oreja de los bovinos y que sirve como vehículo de su principio activo, Los principales efectos que producen los agentes anabólicos son:

1. Elevan el depósito de proteína muscular.
2. Aumentan el crecimiento de tejido óseo.
3. Incrementan la curva de crecimiento.
4. Retrasan la madurez y la estatura.
5. Aumentan la ganancia diaria de peso (GDP).
6. Mejoran la conversión alimenticia. (CA).

La función fisiológica de los implantes es incrementar la curva de crecimiento alrededor de 40 kg adicionales de ganancia, además de cambiar el peso del animal a la madurez y al mismo tiempo detener ésta, razón por la que disminuye el marmoleo. Como en el animal chico conviene detener esa madurez, se debe por tanto establecer un programa más intenso de implantación.

Las ventajas productivas que se esperan de los implantes pueden verse afectadas por diversas causas relacionadas tanto con el propio ganado como con el manejo del corral, el programa de los días de estancia en la engorda, la técnica de implantación y el cambio de las raciones. Después de que se realiza alguna implantación, se recomienda mover al ganado para que se acerque al comedero y no se vea afectado el consumo.

1. Regla de implantación.

Implantación de hembras:

El programa de implantación en las hembras es uno de los factores que más influyen en su comportamiento productivo, en términos de la eficiencia, GDP, presentación de calores (el movimiento aumenta 15% el costo de mantenimiento) y Prolapsos. Las hembras necesitan acetato de trembolona (ATB) para incrementar su crecimiento su crecimiento y produzcan una canal más magra. Se debe usar en las vaquillas por que no responden a los estrógenos y al ATB disminuye las montas y los prolapsos.

La presentación de prolapsos se manifiesta como un brote y sucede con el esquema de implantación basado en estrógenos. El problema es cuando y como se aplica el implante. En este sentido hay que cuidar la condición y la aplicación del implante.

Cuando se usa ATB no es necesario adicionar MGA a la dieta, ya que son hormonas de la misma familia y el ATB también disminuye la presentación de los celos y prolapso, Sin embargo, cabe la posibilidad de que el implante no se use correctamente, por lo que hay que vigilar la presencia de montas, y separar las hembras de los machos, en particular por la tarde.

2. Duración de los implantes.

Con los programas de implantación se busca cada día de engorda el ganado tenga un implante activo para garantizar adecuadas GDP. No debe permitirse que un implante dure más 90 días, especialmente el implante final. Para evitar los desfases se puede programar la implantación de atrás hacia, especialmente en el ganado de menor calidad. En éste conviene emplear durante menos días (60 a 70) todos los implantes finalizadores.

3. Relación de la implantación con el peso del ganado.

Debido a que el implante permite alrededor de 40 kg. de ganancia adicionales, el ganado puede ser implantado varias veces. La reimplantación debe hacerse en un periodo de más o menos 4 días en relación con la fecha de la terminación del efecto del último implante. Generalmente se tiene un buen comportamiento al realizar el reimplante, por lo que se sugiere programar el sistema de implantación de acuerdo con los días de estancia del ganado.

El ganado que entra pesado debe manejarse con ATB y 17 beta estradiol al inicio y reimplantar de 60 a 80 días antes de finalizar. Estos animales grandes deben tener un programa más agresivo porque se acelera su madurez. El primer implante puede aplicarse a partir de los 180 kg de peso.

4. Esquemas de implantación.

a) Vaquillas.

A las vaquillas de más de 300 kg que van a estar 120 días en la engorda se les puede implantar con **Revalor G** por 40 días y reimplantarlas con **Revalor H.** Otros esquemas pueden ser aplicar dos **Revalor H,** pero si no hay tiempo para dos implantes conviene no aplicar el primero y esperar para que durante la última fase de la engorda haya un implante activo.

b) Hembras chicas.

A las hembras chicas de (205 kg) se les pueden aplicar dos **Revalor H,** o bien esperar 40 días antes de aplicar el primer implante. También se pueden sacrificar más pesadas y evitar que crezcan en el corral.

c) Machos chicos.

Se pueden aplicar tres implantes al ganado chico (180 kg), el primero debe ser **Revalor G**, y luego **Revalor**. En el caso de que sólo se apliquen dos implantes se puede esperar un poco antes de aplicar dos implantes de **Revalor**.

5. Técnica de implantación.

El objeto que se persigue es conseguir 95 % de eficiencia en la colocación de los implantes. Para lograrlo, es necesario considerar las siguientes recomendaciones para disminuir la incidencia de defectos en la implantación.

A) Sitio de colocación del implante. La inserción adecuada del implante es en el tercio medio posterior de la oreja, en el canal medio de la misma. Un implante colocado pegado a la base de la oreja tendrá una rápida absorción; por el contrario si se coloca pegado hacia la punta de la oreja la absorción será más lenta.

B) Seguir las recomendaciones para el almacenamiento del implante. Deberán conservarse a temperatura de 0°C.

C) Revisar el listado del equipo de trabajo antes de iniciar el proceso de implantación.

D) Mantener el área de trabajo limpia, libre de polvo (hasta donde sea posible), con el cartucho del implante que va a ser utilizado en la pistola y ésta en la charola con desinfectante, los otros implantes deberán de permanecer en refrigeración.

E) Evitar la contaminación de los cartuchos de implante con heces, polvo o líquidos. Después de cada implante, la aguja se debe limpiar y desinfectar

F) Mantener limpia la pistola y la charola de desinfección durante el tiempo de trabajo y el término del mismo.

G) Limpiar el área de aplicación del implante antes de insertar la aguja en la oreja. En los casos en que sea necesario eliminar el exceso de material (lodo, excremento) con agua, ésta se debe secar con una servilleta desechable de papel o bien raspar el lugar con una superficie plana de plástico o madera hasta secarlo.

H) El manejo de cartucho con las manos o guantes sucios con estiércol contamina los implantes, y ensucia el mecanismo interno de la pistola al implantar. Las pistolas deben limpiarse con regularidad y no se debe permitir que acumulen suciedad.

I) Las agujas de implantar se deben desinfectar con esponja y desinfectante cada vez que se utilicen. La esponja facilita la eliminación física de los desechos en la aguja, por lo que no basta con sólo sumergirla en desinfectante. La esponja y la charola en que se deposite las agujas se limpian y la solución desinfectante se cambia en cuanto se ensucie. Esto evita que la aguja mal desinfectada se convierta en vehículo para la aplicación de una lechada fecal que seguramente causará la formación de abscesos en el lugar de impedirlos.

J) Las lesiones en la parte posterior de la oreja se reducen si se conserva la aguja afilada. Además de las lesiones, el movimiento deslizante de la aguja origina que su área biselada se impregne de desechos existentes en la superficie de la oreja. Si el operador de la pistola sólo logra insertar la aguja tras varios intentos, estará insertando simultáneamente un tapón de desechos frente al implante. Para contrarrestar esta posibilidad de contaminación, se debe frotar la aguja sobre la esponja con el bisel hacía abajo para eliminar toda suciedad.

K) No obstante que es deseable colocar el implante siempre en la misma posición, el operador debe evitar hacerlo a través de terrones de estiércol en la oreja. Si las orejas se encuentran mojadas y sucias, conviene antes de insertar la aguja limpiarlas con servilleta desechable de papel o bien raspar el lugar hasta secarlo.

L) Puede eliminarse el enraizamiento y el aplastamiento de los implantes hechos con la pistola manual (sin retracción de la aguja), cambiando el sistema por el de dispositivo de implante por aguja retractable. Este tipo de pistola permite insertar la aguja en el eje y mantenerla mientras se oprime el gatillo. La opresión del gatillo empuja un implante hasta la aguja y un muelle interior de la pistola retira automáticamente la aguja del implante sin que éste reciba alguna presión que pueda causar enraizamiento o aplastamiento. Otra recomendación es oprimir, manteniéndolo cerrado, el agujero de inserción de la aguja.

M) La comprobación de la correcta aplicación del implante se realiza utilizando el dedo pulgar sobre el implante inmediatamente después de depositarlo en la oreja. El operador puede identificar si ha fallado el tiro, si la aguja ha sido insertada enteramente a través de la oreja (tirando el implante al suelo), si el implante ha sido colocado en el cartílago en lugar de subcutáneamente o si tan sólo una parte de los *pellets* ha sido depositado en la oreja.

N) Cambiar las agujas de la pistola implantadora después de 250 animales implantados.

4.- Recomendaciones mínimas para las instalaciones.

- Contenido.
- Un repaso al interior del corral.
- Información importante.
- Recomendaciones.

El objetivo de este capítulo es dar a conocer las especificaciones mínimas para construir un corral de engorda, así como las recomendaciones técnicas para su buen funcionamiento.

Un repaso al interior del corral.

En la mayoría de los corrales de engorda no se cumplen las condiciones mínimas de comodidad para que los animales produzcan a su máxima capacidad. Existen limitaciones en el área de corral por cabeza, en la cantidad de sombra y en los espacios de comedero y bebedero, así como en el mantenimiento mínimo de las instalaciones. El uso de instalaciones inadecuadas afecta la rentabilidad de la operación.

Información importante.

La construcción de los corrales adecuados es un factor importante en el proceso de engorda del ganado. Hay especificaciones mínimas que garantizan un mejor trabajo, y que se logre un buen producto y se facilite el manejo del ganado. Entre las principales recomendaciones que se deben tomar en cuenta están las siguientes:

1. Área de corrales.

Es importante mencionar que el exceso de animales por área de corral limita el comportamiento productivo de los animales, específicamente disminuyen las GDP y el *ratio*.

Es conveniente evitar los corrales muy grandes porque el ganado se retrasa y aumenta los costos. El espacio mínimo debe conservarse sobre todo durante la época de calor que es cuando más espacio se requiere. Sin embargo, si los corrales tienen buen drenaje se puede aumentar el número de animales. Por lo que, en la época de lluvias se debe aumentar el espacio a 13 o 14 m2 por animal.

2. Sombras

La falta de sombra disminuye las ganancias diarias de peso hasta en 4% y la conversión alimenticia, el rendimiento en canal y el *ratio* se afectan hasta 5% porque disminuyen su consumo. Por el contrario, la sombra tiene un efecto positivo en la ganancia de peso. Se ha registrado que las becerras y vaquillas que tienen sombra adecuada ganan 0.1 kg más por día que las que no tiene suficiente sombra. La misma situación se presenta en novillos y toretes en los que se ha registrado que la GDP disminuye si en el corral hay de 1.5 m2 de sombra por animal.

En muchas ocasiones el menor comportamiento en el corral se puede atribuir a la sombra, por lo que siempre se recomienda poner las sombras faltantes, sobre todo en el hospital. Ese menor comportamiento en la GDP pude ser equivalente a las GDP de animales finalizados en pastoreo. La inversión en la sombra se recupera en un año por los aumentos en las GDP y la eficiencia. Por ejemplo, con 3% (aunque se han registrado valores de 5%) de disminución en la eficiencia (*ratio*), es decir con un incremento 3% en el consumo de alimento por cada animal, multiplicado por el número de días de estancia en el corral, se puede estimar el efecto de la sombra y su beneficio en la rentabilidad de la operación.

No debe olvidarse la relación que existe entre el área de corral y la superficie de sombra por animal, ya que al aumentar el número de animal, tanto la superficie como la sombra disponible disminuyen.

3. Comederos

Debe tomarse en cuenta la capacidad de cabezas por comedero para determinar la capacidad total del corral y evitar hacinamientos. La consecuencia de contar con menos de 15 cm lineales de comedero es una disminución de la GDP y un mayor costo de ganancia. **La recomendación mínima es de 15 a 20 centímetros lineales por animal, y un mayor espacio durante el verano.**

Orientación del comedero.

En algunos corrales del norte del país se ha identificado una diferencia en el comportamiento (*ratio*) de acuerdo con la orientación de los comederos, es decir, considerando el punto cardinal al que los animales orientan la cabeza al momento de comer. En los corrales con comederos orientados al sur se presentó un comportamiento más bajo (ratio 1.03) respecto al orientado hacia el norte (ratio 1.06). Una posible explicación de esto es que, en algunos casos, los comederos orientados hacia el sur reciben más polvo. Por ello, se ha recomendado que durante el verano se reciba al ganado en los corrales con comederos orientados hacia el sur (raciones F1 y F5) y finalizarlos en los dirigidos al norte (raciones F3 y F4). Es decir, colocar al ganado de iniciación viendo hacia el sur y al de finalización hacia el norte. También se sugiere construir los corrales con orientación este-oeste y los comederos al norte.

Una recomendación adicional se relaciona con la reparación de los comederos quebrados, ya que ocasiona mermas y desperdicio de alimento

4. Bebederos.

La recomendación mínima es de 3 centímetros lineales por cabeza y durante el verano conviene aumentarlo a 6 centímetros. Los bebederos deben ser de flujo continuo. Los corrales sin suficiente espacio de bebedero por animal han presentado menores GDP, menos *ratio* (2%) y mayor mortalidad. Para evitar problemas sanitarios y de contaminación no se deben compartir bebederos entre corrales. Cada corral debe de tener su propio bebedero. Tampoco es conveniente colocar el agua en las esquinas del corral por que provoca aglomeraciones; lo recomendable es situarla al centro.

Calidad del agua.

Después de consumir el alimento el ganado toma agua para evitar una acidez pronunciada en el rumen. Esta rutina exige tener siempre agua limpia, potable, fresca y libre de sustancias. Si se quiere disminuir problemas asociados al Complejo Respiratorio Bovino (CRB) se sugiere mantener el agua a temperatura ambiente. Esto se puede lograr calentándola por medio de una resistencia eléctrica instalada en el mismo bebedero. Se debe monitorear la calidad del agua mediante la toma de muestras y análisis frecuentes. Hay que recordar que el exceso de sal disminuye la eficiencia alimenticia, razón por la cual se revisan los sólidos totales del agua. Cuando el agua contiene de 800 a 900 ppm. de sólidos totales disminuye el consumo de alimento y produce una consiguiente baja en la productividad. Esta situación puede extenderse a todo el ganado que bebe agua de mala calidad.

El uso de las pastillas de cloro para limpiar el agua de los bebederos no afecta al ganado. Sólo se debe cuidar que no cambie el olor del agua. Generalmente se usan de 5 a 6 pastillas por cada 30.000 galones de agua (113 562 litros) por semana.

Se debe monitorear la cantidad de cloruro de sodio en el agua, y balancear el alimento tomando en cuenta el aporte de esta sal en el agua. **La ingesta diaria de cloruro de sodio por animal debe ser 45 a 140 g por cabeza.** Consumo de agua está influenciado por factores como actividad, tipo de ración, consumo de alimento y medio ambiente. El consumo de agua se incrementa de un 300% en relación con la materia seca consumida a cerca de 800% al incrementarse la temperatura de 6 a 32 grados centígrados.

5. Plagas

Las dos principales plagas que afectan al corral de engorda, en diferentes épocas del año son las moscas y las aves, para su control hay que diseñar un programa global. Se estima que una paloma puede llegar a consumir 100 gramos de alimento y un pájaro negro 50 gramos. El control de las aves se realiza con veneno y dejando a las que mueren en los corrales para que se alejen las otras.

6. limpieza de corrales

Esta actividad incluye el retiro de todo tipo de cuerpos extraños (plásticos, alambres, piedras, papel, etc.) del interior y de los alrededores de los corrales. **Se debe retirar el excremento de los corrales inmediatamente después de que se vacíe un corral y antes de que entren nuevos animales. Esta maniobra resulta más importante antes de la temporada de lluvias.**

El control de polvo se relaciona estrechamente con la humedad en la superficie del corral, la cual requiere mantener un 20% de humedad en el piso para evitar que se levante el polvo. Esto se logra manteniendo un número suficiente de animales y evitando corrales muy vacíos (poblar el corral en el punto óptimo). Para contrarrestar los efectos negativos del polvo se acostumbra rociar con agua los corrales y los pasillos.

7. Comportamiento del ganado

De manera ocasional se presentan en los corrales situaciones poco usuales que de alguna manera afectan el comportamiento del ganado o la calidad del producto final. Entre ellas está la llegada de ganado nervioso al corral y que hagan hoyos en el piso de los corrales.

Ganado bronco

Este tipo de ganado tiene dificultad para acercarse al comedero y aceptar el alimento, además de no estar acostumbrado al manejo. Se les debe ayudar a adaptarse; el manejo debe ser tranquilo, evitando el uso de garrochas, movimientos excesivos y el manejo a caballo ya que esto lo pone nervioso. Por lo general este ganado ha sido lastimado o mal atendido. Puede recortarse un corral para evitar que el ganado se vaya hacia la parte trasera y así manejarlo con mayor facilidad. No se debe colocarse este tipo de ganado en los corrales situados en las esquinas ya que son lugares con mayor movimiento. Los animales muy nerviosos tienen menores niveles de productividad, hay que separarlos en un corral extra y sacarlos como sacrificio por fuerza mayor.

Hoyos en el piso del corral.

Se tiene la creencia de que los decomisos del rumen en el rastro son el resultado de que el ganado hace hoyos en el piso del corral. Si existen tales decomisos por contenido de arena, no es problema del corral, sino seguramente por el lugar de origen del ganado. Todo el ganado come tierra y se acumula en el abomaso. Los hoyos que hace el ganado son más ociosidad que la falta de minerales; lo que se recomienda en estos casos es tapar los hoyos con estiércol en cuando se detecten.

Cuando se limpian los corrales éstos no deben de quedar totalmente "limpios"; se debe de dejar una ligera capa de estiércol para evitar que el ganado haga hoyos en el suelo. Un riesgo latente cuando el ganado come mucha tierra o arena es desplazamiento o la torsión del abomaso.

5.- Consumo de alimento.

- Contenido.
- Un repaso al interior del corral
- Información importante.
- Factores que afectan el consumo.
- Herramientas técnicas.

La alimentación del ganado bovino es un aspecto sumamente relevante; por ello el propósito de este capítulo es destacar la importancia de los factores que afectan el consumo de alimento finalizado en corral.

Un repaso al interior del corral:

Es común que en los corrales no se evalúa el consumo de alimento y esto no permite determinar con certeza la productividad y la rentabilidad del corral.

Información importante:

El comportamiento general de la engorda depende del consumo de la dieta de los animales. La importancia del consumo radica en que aproximadamente 70% de los resultados productivos se explica por el consumo y el restante 30% por el aprovechamiento de las dieta. Debido a que el consumo es afectado por diversos factores, tanto externo al corral (ambientales) como interno (manejo, características de la dieta, disponibilidad de agua), se debe monitorear diariamente para detectar cualquier cambio, por mínimo que sea.

Factores que afectan el consumo.

1.- Externos.

Los cambios en la presión barométrica son el único factor ambiental que influye en el consumo de alimento, pues pueden afectar el consumo hasta por dos semanas y causar aumentos desde 1 kg hasta 2 o 3 kg. El peso al que inician los animales en el corral también afecta el consumo: por ejemplo, si los animales inician a 200 kg, a los 400 kg de peso su consumo promedio será de 8 kg por día; pero si inician a los 300 kg de peso, a los 400 kg de peso su consumo será de 9.5 kg de alimento por día.

2.- Internos.

La cantidad de materia seca de la dieta afecta el consumo, si se aumenta desde 82-83% de MS., a 85-86% (por el procesamiento del grano, melaza o algún ingrediente muy seco), se espera una disminución del consumo. Al cambiar a maíz amarillo se espera que disminuya el consumo porque aumenta la cantidad de energía de la dieta final. La grasa mal procesada o mal almacenada (el exceso de humedad acelera su oxidación y deteriora el sabor) produce caídas típicas de 1 kg en el consumo.

Los cambios en el suplemento que disminuye el consumo son: mala elaboración, mal mezclado, o que incluye una cantidad importante de sulfato de amonio. Así mismo un implante mal colocado y un espacio reducido de comedero por animal afectan el nivel de consumo.

3. Recomendaciones en los niveles de consumo de las dietas.

La fórmula 1 está programada para consumo bajos; se recomienda obtener un consumo de 6.5 kg en base seca antes de cambiar al ganado a la fórmula 2. En la dieta F1 duran aproximadamente 20 días o menos. En esta ración nunca se debe permitir el comedero lamido y el consumo es casi a libertad. Los animales cruzados chicos deben recibir la ración F1 hasta los 270 kilos (o cuando tenga un consumo de 6.5 kg de alimento en base seca), luego pueden pasar a la F2 durante 3 a 5 días, posteriormente a la F3 durante 3 a 5 días y finalmente pasar a la F4. Las cantidades de alimento de las raciones F2, F3 y F4 dependerán del programa de manejo del comedero establecido en la engorda, si cabe la pena recordar que el objetivo del manejo del comedero es adelantarse al consumo de los animales y no esperar a que ellos fuercen los cambios de la dieta.

Herramientas técnicas.

- **Programación del consumo.**
- **Programa ZAP.**
- **Computación.**

6.- Alimentación del ganado.

- Contenido.
- Un repaso al interior de la actividad.
- Información importante.

El éxito de una dieta para la producción de carne es que cubra los requerimientos para que los animales logren las ganancias de peso esperadas a un bajo costo. El objetivo de este capítulo es revisar las características de los ingredientes que se utilizan en la elaboración de las dietas para los animales finalizados en el corral.

Un repaso al interior de la actividad.

Muchas veces los dueños de los corrales de engorda se involucran directamente en la elaboración de raciones, sin tener el conocimiento adecuado del impacto que los ingredientes podrán tener en la respuesta y el costo de la ración. La revisión permanente de las raciones en términos de precio y proporción de ingredientes en las fórmulas representa una oportunidad para disminuir los costos de producción en el corral de engorda.

Información importante.

La formulación de las dietas para el ganado bovino engordado en el corral debe seguir ciertas recomendaciones en relación con los niveles de inclusión de sus principales ingredientes, su procesamiento y su mezclado.

Componentes principales.

A continuación se mencionan los principales ingredientes que influyen en el buen funcionamiento de las dietas.

1.- Forrajes.

Los cambios o la variación en el porcentaje de forrajes incluidos en la ración pueden explicar la variabilidad de la eficiencia productiva por un alto nivel de forraje de mala calidad se retiene en el rumen y ocasionan problemas de consumo y utilización de la dieta.

Tipo de forraje.

El ganado tiene inclinación a consumir determinados forrajes y prefiere, en orden decreciente: bermuda, Sudán y Alfalfa. Esta última no se debe utilizar, salvo en ocasiones específicas para la recepción de ganado chico, porque no aporta ningún beneficio en la engorda. El rastrojo de sorgo y la paja de trigo son forrajes de mala calidad para las dietas de ganado bovino en corral, no lo digiere rápidamente, debe masticarlo repetidamente y por ello hace disminuir el consumo provocando un retraso en el ganado.

Fig. 8 Para un centro de engorda se debe destinar un área de siembra de forrajes para silo o heno, así como también un área para pastoreo intensivo tecnificado donde se destinaran animales que no logran los indicadores de eficiencia dentro del proceso de finalización (imagen de MVZ Víctor Gregorio Romero Aguilar).

De manera específica la paja de trigo no debe usarse en la ración, pero si no queda opción no debe incluirse más de 5% de ella en ninguna de las dietas. Lo más recomendable es combinarla, por ejemplo con paja de Sudán en porcentajes de 50% de cada uno. Este aspecto es más importante en la dieta inicial, para asegurar un buen levantamiento del ganado.

El forraje que se utilice en la engorda debe cortarse a punto de floración. Si el forraje contiene mucha ceniza ella indica que se esta cortando muy cerca del suelo.

Fig. 9 Para el trópico seco y húmedo se recomienda el Maíz y Sorgo para ensilar (imagen de MVZ Víctor Gregorio Romero Aguilar).

También es recomendable proporcionar forrajes diferentes según el ganado, es decir, ofrecer el de mejor calidad al ganado de iniciación y el forraje más tosco para finalización. Las dietas de iniciación pueden tener un tercio de alfalfa y dos tercios de Sudán.

Fracción de Fibra Detergente Neutra Efectiva (FDNe) del forraje.

Un concepto incluido recientemente en la formulación de raciones es el de fibra detergente neutra efectiva (FDNe). Se refiere al porcentaje de fibra de los alimentos que es capaz de provocar la salivación, masticación y el movimiento ruminal del ganado.

Se pretende que el forraje no tenga más de 60 a 62% de FDNe y la ración no debe contener más de 12% de forraje en base seca. Para las últimas raciones (F3, F4, o F5, la FDNe no debe ser mayor a 8% para evitar que limite el consumo. Cuando los valores son de 10 a 12% disminuye la GDP y el valor energético no corresponde a la formulación.

Fig. 10 Fracción de fibra incluida en la formulación de dietas para el ganado de engorda en corral (imagen de MVZ Víctor Gregorio Romero Aguilar).

Si la dieta es alta en fibra se afecta el consumo. Se puede utilizar enzimas que aumenten el consumo, pero se corre el riesgo de disminuir la aceptabilidad y la digestibilidad (aumenta la fermentación pero se acumula en el rumen disminuyendo el consumo).

7.- Costo de la ración.

- Contenido.
- Un repaso al interior del corral.
- Información importante.
- Variables para evaluar la ración.
- Ejemplo de evaluación de la ración.

El costo de la ración representa entre 60 y 70% del costo total de la producción del ganado en el corral de engorda. El propósito de este identificar los factores que pueden disminuir el costo de la ración sin comprometer los niveles de productividad.

Un repaso al interior del corral.

Entre los productores de ganado bovino de carne es común que la ración no se evalué de manera permanente. Una evaluación adecuada representa un área de oportunidad en el corral de engorda, ya que de manera directa e inmediata puede mejorar la rentabilidad.

Información importante.

El costo de la ración determina el costo de la ganancia (costo de la alimentación por cada kilo de carne producido: COG) y es una preocupación permanente en las operaciones de engorda de bovino en corral porque se busca que, por lo menos, el costo de la ganancia sea similar al precio de venta del animal para obtener el punto de equilibrio en productividad. La revisión permanente de las raciones permite incluir y eliminar ingredientes que por su valor nutritivo y precio podrían formar parte de las decisiones de incluir un ingrediente (generalmente el precio), éste puede sustituir y hacer más competitivo al corral. Por ejemplo, si en las raciones F4 y F5 se elimina la pasta de ajonjolí y se sustituye por maíz se eleva la densidad energética de la dieta, disminuye el consumo, baja el costo de la ganancia y mantiene o mejora las GDP.

Si se tiene un costo elevado, puede considerarse de 1.90 pesos por kilogramo a partir del precio, deben buscarse las combinaciones de ingredientes que permitan disminuirlo. Algunas sugerencias consideran sustituir las fuentes de proteína e incluir urea, aumentar el porcentaje de grasa, utilizar fuentes más baratas de cada uno de los ingredientes e incluir subproductos.

Cuando se realizan inversiones en el corral se debe calcular su impacto en la eficiencia, no solamente en la infraestructura mejorada. A largo plazo, debe considerarse la compra de equipo para el procesamiento de maíz y las adecuaciones a la planta de alimento procesar otros granos, específicamente maíz amarillo, sin perder de vista que los costos fijos de operación (molino, Luz, personal administrativo) deben representar, como máximo, alrededor de 300 pesos por tonelada de alimento fabricado. Si el costo es más alto conviene maquilar el alimento en otro lugar.

Variables utilizadas para evaluar la ración.

Para evaluar la ración del ganado bovino se utiliza la proteína cruda y la energía.

1. Proteína cruda.

Las necesidades de proteínas del ganado bovino finalizado en corral no son elevadas en comparación con las especies no rumiantes. Su valor en la dieta F1 no debe rebasar 14% y en las dietas F2, F3 y F4 puede disminuir hasta 11.5%. Su Exceso en las dietas, además de elevar el costo de la ración, las hace ineficientes porque la energía que debería usarse para promover las GDP se gasta en metabolizar la proteína.

2.- Energía.

Es el nutriente que permite las GDP en el ganado bovino y además influye de manera determinante en el consumo de alimento. Usualmente la energía la proporcionan los granos y las grasas. En ganado de engorda es común utilizar el término de energía neta de mantenimiento (ENm) para calcular y evaluar las raciones.

Ejemplo de evaluación de la ración:

A manera de ejemplo de evaluación de raciones se presenta un cuadro con las raciones de un corral de la Huasteca, con los comentarios y sugerencias realizadas para su mejor utilización.

Composición de la dieta, % (base húmeda)

Ingrediente	F1	F2	F3	F4
Sorgo rolado	51.14	61.21	67.28	73.55
Pasta de soya	7.00	3.48	1.85	0.00
Urea	0.42	0.67	0.67	0.67

Piedra caliza	1.01	1.42	1.41	1.41
Fosfato dicálcico	0.22	0.00	0.00	0.00
Óxido de magnesio	0.17	0.17	0.17	0.17
Premezcla mineral	0.34	0.33	0.33	0.33
Grasa	1.70	2.53	2.94	3.34
Melaza	11.30	11.23	11.10	11.13
Rastrojo	26.71	18.96	14.16	9.40
ENm, Mcal/kg (MS)	1.80	1.94	2.02	2.10

La premezcla mineral contiene. $CoSO_4$ 0.068%; $CuSO_4$ 1.04%; $FeSO_4$ 3.57%; ZnO 1.24%; $MnSO_4$ 1.07%; KI .052% y $NACl$ 92.96%.

Si la harina de subproducto de ave tiene precios accesibles es conveniente usarla en lugar de la pasta de soya. La F1 debe incluir ésta aunque se incluya harina de subproducto de ave. El suplemento debe contener la urea, la piedra caliza, el fosfato dicálcico, el óxido de magnesio, sal y pulido de arroz como vehículo. El porcentaje de melaza conviene establecerlo en 8% en todas las raciones y aumentar el porcentaje de grano rolado.

8.- Manejo del comedero.

- Contenido.
- Un repaso al interior de la actividad.
- Información importante.

Herramientas técnicas.

Problemas frecuentes

El manejo del alimento es uno de los aspectos fundamentales en el corral de engorda, pues de ello depende, en gran medida, el logro de un producto de calidad. En este capítulo se destacan los factores más relevantes que influyen en el manejo eficiente del comedero durante el proceso de engorda de ganado.

Un repaso al interior de la actividad.

El alimento representa de 60 a 70% de los costos variables, y muchas veces de su correcta utilización depende el que obtenga un margen de utilidad.

Información importante.

Las estrategias de "manejo de comederos" en algunos corrales de Estados Unidos y México han arrojado ahorros hasta de 40% en los costos variables.

Fig. 11 Lectura de comedero es una innovación que todo productor ganadero debe de dominar en un centro de engorda bovina (imagen de MVZ Juan Carlos Avendaño Montero).

1.- ¿Que es el manejo o lectura de comederos?.

Es la determinación de la cantidad y supervisión de la repartición de alimento (formula cantidad exacta) que los animales consumirán, en forma aceptable y consistente, en un periodo de 24 horas.

El lector de comederos.

El adecuado manejo de los comederos depende de un trabajo en equipo en el que cada integrante debe desempeñar su trabajo de la mejor manera posible. En el caso del comedero, a la persona en la que recae la responsabilidad de su manejo se le denomina lector de comederos. Por las características de ese, se requiere que un lector de comedero cubra el siguiente perfil:

- Ser profesionista zootecnista (Ingeniero Agrónomo Zootecnista, Médico Veterinario y Zootecnista, Técnico Ganadero).
- Tener conocimiento sobre el corral de engorda.
- Tener experiencia en servicio de alimento.
- Ser líder para planear y organizar.
- Ser disciplinado para manejar datos.
- Tener habilidad para sintetizar información.
- Tener iniciativa para resolver problemas.

En las funciones que el lector desempeña están:

Asignar el alimento con base en la lectura de comederos. Al llegar a un corral, el lector primero debe observar la cantidad de alimento remanente en el comedero. Utilizando su conocimiento acerca del tiempo aproximado en el cual el ganado será alimentado y la información de la hoja de lectura de comederos debe decidir cuánto alimento asignar. Esto último debe hacerse por la mañana, antes de que le sea servido el alimento al ganado, o por la tarde, antes del último servicio del día.

Supervisar el proceso de reparto de alimento para asegurarse que las asignaciones son correctas. Revisar los comederos algún tiempo antes de que los repartidores de alimento terminen las labores del día, para hacer los ajustes, en caso de que se requieran. Todo el equipo de trabajo (tolvera, capturista, vaquero, supervisor) debe alertar al lector de comederos acerca de los movimientos de corrales: embarques de ganado, mortalidad, etc., para que se puedan hacer las consideraciones necesarias al momento de ordenar los servicios de alimento.

Ruta de lectura de comederos.

"Comedero lamido al menos dos veces por semana". Como su nombre lo indica, esta estrategia establece que se deben encontrar huellas de saliva de los animales en los comederos al menos dos veces por semana. Este programa sólo aplica para esquemas de alimentación de los dos servicios al día. En la asignación de alimentos, el día comienza con el servicio de la tarde (p.m). Debe haber un lapso de tiempo no menor a seis horas entre el servicio de la mañana y el servicio de la tarde. Dentro de este programa se intenta mantener al ganado ligeramente hambriento a partir los siete días que alcance los 6 kg de consumo diario de materia seca por cabeza.

Ventajas de la estrategia de "comederos lamido al menos dos veces por semana":

- Se conoce el consumo.
- Se predice la ganancia.
- Se anticipa la fecha para determinado peso de sacrificio.
- Se mejora la conversión alimenticia.
- Hay menos desperdicio de alimento y una mayor contribución a las utilidades.
- Se detecta material extraño en los comederos (alambres, excretas).
- Se localizan cercos, beberos y sombras en mal estado.
- Se detectan a tiempo los problemas digestivos
- Disminuyen los problemas digestivos.
- Hay uniformidad en la respuesta dentro del lote.
- Disminuye la proliferación de plagas (moscas, roedores).
- Se controla la manifestación de montas y correteos por exceso de energía en la dieta.

Desventaja:

- Más mano de obra.
- Más capacitación.
- Más equipo de servicio.

Procedimiento de lectura de comedero

	Porcentaje de alimento en comedero	Veces que es normal esperar esta condición	Asignación correspondiente a la calificación determinada	¿Cuándo es posible observar ésta condición?
1	lamidos	2 por semana para evitar formación de hongos en comederos	Ordene 5% más de alimento al promedio de servicio de los últimos siete días.	Mas antes de una tormenta (aún de presión atmosférica) Mas el día de reimplante. Si sucede más de dos veces por semana significa que el trabajo está flojo.
2	0% (sin estar lamido) a 5%	2 por semana	Ordene la misma cantidad de alimento al promedio de los últimos siete días.	Cuando se ha hecho un buen trabajo, es común verlo dos veces por semana
3	6 a 10%	2 por semana	El 1er. Día que se presente, ordene la misma cantidad de alimento al promedio de los últimos siete días para ver cómo se comporta, y en caso de que vuelva a repetirse la condición, ordene 5% menos alimento al promedio de los últimos siete días.	+ Después de una tormenta (baja de presión atmosférica). + Después de un cambio de fórmula. + El día siguiente del reimplante.
4	Más de 10%	1 o menos por semana	Ordenar un servicio 10 a 15% menor al promedio de los últimos siete días	Bebederos sin agua o chorreando, cercos rotos, transferencias de ganado a otro corral que no fueron reportadas. El lector de comederos debe preguntarse: ¿Qué pasó?

Nota: La calificación del comedero no es necesariamente dependiente de la calificación de otros corrales.

Herramientas técnicas.

Hoja de lectura de comederos:

El propósito de la hoja de lectura de comederos es proveer la información que asiste al lector para hacer las asignaciones de alimento correctas. Esta información debe incluir: número del corral, número de lote (opcional), número de cabezas, peso inicial, peso actual, días en alimento, días en ración, número de ración, indicaciones de comederos vacíos (causa, fecha), información histórica respecto a la calificación del comedero para cada corral en los últimos siete días, y un promedio de consumo para dicho periodo. De manera adicional, o en otros reportes se puede registrar: servicio por fórmula y total de alimento servicio (kg), número de corrales por calificación, corrales que aumentaron servicio.

Estos datos sirven para elaborar una gráfica de frecuencias relativas, por ejemplo, de la calificación diaria de los comederos.

Problemas frecuentes en el manejo del comedero.

Asignación de alimento.

Si el ganado recibe menos alimento que el asignado quedará insatisfecho y se pondrá al siguiente servicio, lo que le provoca, además, problemas digestivos. Por el contrario, si la cantidad de alimento suministrada es mayor que la asignada, el ganado se vuelve complaciente y se acumulan finos en el comederos.

Si el ganado es sobre alimentado, es responsabilidad del lector de comederos ayudar a ese ganado a limpiar el alimento existente tan pronto como sea posible para prevenir la descomposición del mismo. Para ello puede utilizar los siguientes lineamientos:

1. Poner alimento fresco encima del viejo. El ganado va a estar más dispuesto a limpiar alimento viejo que se encuentra en pequeñas cantidades.
2. Apalear el comedero y proveer alimento fresco si el ganado no ha limpiado el alimento viejo para la servida de la tarde.

3. El alimento viejo se puede mezclar con fresco si el primero no tiene hongos o un olor desagradable.
4. Decrementos mayores a 10% del consumo promedio son una garantía de que el ganado limpiará los comederos antes de que el alimento se descomponga.

No debe incrementarse el alimento al ganado más de 5% de su consumo promedio de un día para otro (a no ser que se presenten condiciones de calidad 4, en que es permitido bajar de 10 a 15%).

Cambios en la asignación

Es importante que todos los cambios en la cantidad de alimento asignado se den en forma gradual.

Hongos.

Es conocido que cualquier alimento que contenga más 20% de humedad puede provocar crecimiento de hongos. En los corrales de engorda, donde la ración es alta en humedad, el alimento se debe levantar al menos una vez cada dos días para evitar hongos. En los corrales en que la ración no usa ingredientes húmedos el alimento debe descartarse si tiene hongos, aunque sólo sea una pequeña cantidad.

Actitud del ganado.

Si el ganado ha limpiado el comedero y está razonablemente agresivo, es decir, muestra una agresividad normal, la asignación fue correcta. Durante el servicio del alimento cerca del 25% del ganado en el corral debe estar alineado en el comedero antes de ser alimentado, 50% debe estar parado y caminando hacia el comedero y el restante 25% debe estar levantándose, estirándose o animándose a acercarse al comedero.

Medición de la actitud del ganado.

- Tranquilo: 50 % del ganado permanece descansando y rumiando, 15% está en el comedero y el resto en otras actividades.

- Normal: 25% del ganado se acerca al comedero, 50% se incorpora y el resto está esperando lugar.
- Agresivo: 50% de los animales está pegado al comedero y el resto está esperando lugar.
- Hambriento: 90% del ganado está bramando y empujándose en el comedero.

Pérdida de consumo.

Una pérdida de consumo puede tener muchas causas: El lector de comedero puede intentar varias cosas para regresar al ganado a su consumo normal.

1. Puede asignar la servida ligeramente más corta por unos días, con el cuidado de no hacerla tan corta que el ganado se vuelva agresivo y consuma en exceso en la siguiente servida.
2. Puede bajar al ganado a una ración menos energética por un mínimo de 7 días, lo que resulta en una producción reducida de ácido para el rumen
3. Un tercer método es la incorporación de un alto nivel de antibióticos a la ración de finalización entre tres y cinco días en un intento por aliviar cualquier inflamación que pudiera estar presente en el rumen.

9.- Reparto de alimento.

- Contenido.
- Un repaso al interior de la actividad.
- Consideraciones importantes.
- Resumen.

El reparto de alimento es un punto crítico en el corral de engorda. En este capítulo se abordan los elementos que influyen, de manera determinante, en la eficiencia de alimentación del ganado en el corral.

Un repaso al interior de la actividad.

A pesar de que se reconoce que la alimentación del ganado es un factor importante que influye en la productividad y rentabilidad del corral. El suministro del alimento se considera una actividad rutinaria que, por lo tanto, no se supervisa de manera constante.

Información importante.

La repartición de alimento es el proceso de entrega exacta (fórmula y kg) de alimento preparado en los comederos de los corrales de acuerdo con la asignación de la lectura de comedero. **Cuanto más uniforme sea el reparto del alimento resolverá y podrá detectar e informar la importancia en el servicio.**

1.- Repartidores de alimento.

La calidad del trabajo de los repartidores de alimento afecta la calidad de la labor del lector de comederos. Con las tarjetas de alimentación se proporciona la información requerida por los repartidores. Una tarjeta muy completa puede tener la siguiente información: número de corral, número de lote, número de ración, historia de alimentación, información acerca de la limpieza del comedero y por supuesto las asignaciones de alimento.

Fig. 12 Uso de TORMEX en un centro de engorda es una mejora de eficiencia en la repartición del alimento (imagen de MVZ Víctor Gregorio Romero Aguilar).

Frecuencia de servicio.

Una vez que el ganado alcanza un consumo de materia seca de 6 a 6.5 kg. La frecuencia de la alimentación debe ser de dos veces al día. Se ha documentado que el fotoperiodo afecta el patrón de consumo, por lo cual el patrón de servidas matutina y vespertina se debe alterar, generalmente un programa de dos servidas al día puede dividirse para proporcionar menor cantidad o porcentaje durante la mañana que por la tarde (40%:60%). En el verano las servidas se deben dividir 35%:65% o 30%:70% respectivamente.

Con un programa de dos servidas al día, cada una utiliza normalmente de dos a cuatro horas, dependiendo el número y la capacidad de los carros repartidores utilizados y de la fábrica de alimento.**El servicio dos veces por día puede incrementar 3% la eficiencia total de la engorda en comparación de un solo servicio por día.**

En promedio, una caja de 2 a 3 metros cúbicos por cada 1000 cabezas es adecuado para facilitar la alimentación en un tiempo razonable. Dado el tiempo requerido para servicio la comida matutina, los corrales de engorda que utilizan el programa de dos servidas al día deben utilizar la "servida de vacíos". En la cual todos los comederos vacíos o que quedarán vacíos se sirven primero, para evitar que el ganado se vuelva agresivo. Con buen manejo el número de comederos vacíos deberá ser mínimo.

Servir el alimento tres veces al día no ha mostrado mejores resultados que dos servicios al día y sólo incrementa los costos.

Programación de servicios.

Es muy importante que el ganado sea alimentado a la misma hora todos los días con una desviación máxima de 30 minutos a una hora. De no hacerlo así, el patrón del ganado se alterará y pueden presentarse un consumo inconsistente y posibles trastornos digestivos (**acidosis**). Las condiciones climáticas adversas pueden causar retrasos o cambios en la rutina de alimentación. Durante una tormenta persistente, debe abandonar el programa regular de servicio y se vuelve muy importante mantener el alimento fresco y seco en los comederos, tanto como sea posible. Para ello se deben suministrar pequeñas cantidades, varias veces al día, para permitir que el ganado levante y limpie el comedero y evitar que se moje el alimento, adicionalmente se mantiene satisfecho al ganado.

La repartición entre las dietas de la mañana y de la tarde debe tener una separación mínima **de 6 horas (por ejemplo: 7:00 am y 13:00 horas pm)** para permitir que los animales recuperen el pH ruminal y evitar problemas digestivos. Si se retrasa el reparto, es conveniente recorrer la hora del segundo reparto.

Orden de entrega de ración.

Primero se suministra la ración de más energía (F4 o F5) a los corrales determinados; se continúa con la de más baja energía (F1) para los corrales asignados y después se sirven las raciones intermedias, en orden descendente de energía.

Entrega de alimento.

La entrega de alimento adecuada es importante para asegurar que todo el ganado, en un corral, tenga la misma oportunidad de consumirlo, por tanto, es crítico que el alimento se distribuya a un nivel consistente en toda la longitud del comedero. Es una práctica común dejar sin alimento los primeros y últimos 60 a 80 centímetros del comedero para evitar que el ganado de los corrales vecinos se acerque al comedero equivocado o el que no está en su división.Lo ideal es que la descarga al comedero se distribuya adecuadamente a la primera pasada. Esto se logra mediante el ajuste de la compuerta del camión repartidor, regulando las revoluciones por minuto y la velocidad del camión.

El repartidor debe tener cuidado de no servir alimento fresco sobre materiales extraños o alimento descompuesto (como ya se mencionó en el capítulo de manejo de comedero). Si el repartidor la ve debe palearlos fuera del comedero, a pesar de que el lector no se lo haya solicitado en su hoja de anotaciones.

Exactitud en el servicio.

Con el entrenamiento adecuado los repartidores de alimento serán exactos en sus servidas. Es muy importante informar cualquier diferencia entre lo servido y lo asignado. El lector de comederos debe monitorear cada día la exactitud tanto de la servida como de la báscula del camión o bascula de 500 kg para pesar sacos de 40 kilos y hacer las calibraciones necesarias.

Seguridad de los camiones.

Solamente cuando se tiene vehículos transportando alimento, los camiones deben operarse a una velocidad segura (no más de 30 km/hora) especialmente durante las vueltas. También importante no sobrecargarlos.

1.- Inicio del ganado en el alimento.

La mayoría de los corrales de engorda inicia al ganado en una dieta baja en energía, alta en proteína cruda, alta en K, diseñada para consumos bajos. La energía de la ración aumenta, moviendo al ganado mediante una serie de raciones hasta llegar a la que contiene la densidad energética más alta. Esta adaptación gradual reduce el riesgo de trastornos digestivos. Una regla utilizada es la de cambiar de raciones cada cinco a siete días. Estableciendo de 15 a 21 días para que el ganado llegue a la ración final. Antes de hacer cambios de raciones para un corral, se deben analizar varios factores, como el origen del ganado (nivel de nutrición al que dicho ganado fue expuesto antes de llegar al corral), qué tan rápido se incrementa el consumo en el corral y el estado de salud de los animales.

Formula	forraje (%)	Energía neta de mantenimiento
Inicio, F1	30%	+
Intermedio, F2	21%	++
Finalización, F3	12%	+++

Nota. En un esquema de cuatro o más raciones, el porcentaje de forraje mínimo sigue siendo 12%.

1.- Transición de fórmulas.

Para trabajar a nivel mínimos de costos de producción, reduciendo el riesgo de trastornos digestivo, se debe manejar una estrategia de alimentación que permita una adaptación gradual a la dieta más alta en energía. Para ello se pueden establecer al menos tres fórmulas que varían en proporción de forraje a concentrado. Cuando se utiliza un sistema de cuatro raciones, constituye un incremento calórico de cerca del 10%. En caso de proveer menos de cuatro raciones, el incremento en calorías será más grande, suficiente como para causar trastornos digestivos. Para evitarlos en un sistema de tres a cuatro raciones, es deseable un cambio gradual mediante el alternado de raciones. La ración que se va a retirar debe servirse en la mañana y por la tarde la que se va a cambiar.

Una indicación importante que debe considerar el lector de comederos para realizar el cambio de raciones, es cuando los animales hacen hoyos en el alimento separando el forraje para buscar el concentrado. Esto significa que los propios animales están buscado la dieta con mayor valor energético. Cuando esa condición se observa en los corrales, hay que cambiar inmediatamente a los animales la ración con más energía, F2 a F3 o de F3 a F4.

Acidosis.

Uno de los padecimientos digestivos más importantes en el corral de engorda es la acidosis. Esta condición se presenta cuando el pH ruminal disminuye a un valor menor de 5.5 en el que se detiene el crecimiento bacteriano y se favorece el crecimiento de bacterias Clostridiales. El ganado no puede recuperarse de valores de pH menores a 5. La disminución del pH ruminal impide la absorción de nutrientes afectando negativamente la GDP y la conversión alimenticia. Cuando la acidosis es crónica, las toxinas Clostridiales circulan por los vasos sanguíneos periféricos provocando un dolor que impide al animal apoyarse adecuadamente, situación que provoca un levantamiento en la parte anterior de la pezuña. El sobre consumo o consumo inconsistente de alimento alto de energía predispone la presencia de acidosis. El consumo insuficiente de agua también puede contribuir a su presentación. De manera complementaria deben revisarse los niveles de vitaminas A, D y E y minerales; Cu, Se, Zn, P y sus proporciones en la ración.

10.- Manejo sanitario.

- Contenido.
- Un repaso al interior de la actividad.
- Información importante.
- Herramientas técnicas.

En este capítulo la importancia de cada uno de los procesos que afectan la salud del ganado finalizado en corral, se mencionan sugerencias para obtener el mayor beneficio en cada fase y se hace una propuesta sobre el manejo sanitario del ganado bovino en la enfermería del corral de engorda.

Un repaso al interior de la actividad.

Diferentes factores afectan negativamente la salud de los animales en el corral de engorda y por lo general no se toman en cuenta. Las fallas en la detección temprana de los animales enfermos es la principal causa de que los tratamientos no funcionen y que aumente el número de animales crónicos y muertos en los corrales.

Información importante.

Las enfermedades respiratorias son el problema de salud más importante en el corral de engorda, pues llega a representar hasta 85% de los animales enfermos. Es necesario identificar las causas reales de los problemas sanitarios en los corrales de engorda porque en su presentación intervienen desde el proceso de compra, el origen del ganado, el manejo sanitario previo del ganado (vacunaciones y tratamientos recibidos antes de llegar al corral), el transporte al corral, el manejo durante la recepción, la detección de los enfermos, personal de la enfermería, los tratamientos utilizados y los criterios de eliminación del ganado, es decir que el éxito del programa sanitario depende de la correcta ejecución del programa general de la engorda.

Varios factores afectan negativamente la salud de los animales y deben controlarse durante todo el proceso productivo. A continuación se mencionan los aspectos más importantes, como pueden afectar la productividad del ganado y los factores que deben controlarse para garantizar una respuesta productiva adecuada.

1.- Manejo a la recepción.

El proceso del ganado en preparación para su engorda final incluye los procedimientos y medicamentos necesarios para elevar al máximo el rendimiento y minimizar las perdidas relacionadas con los problemas de salud. El programa de manejo a la recepción incluye; vacunación, desparasitación, vitamina, implantación y aplicación de antibióticos en casos específicos.

Vacunación.

Las enfermedades respiratorias de origen viral pueden prevenir con el uso de vacunas incluyen la protección contra IBR, PI3, la BVD y el BRSV. Los productos que contienen agentes bacterianos deben proteger contra *Pasteurella- Manhemia* y *Haemophilus*.

Las vacunas Clostridiales (7 Clostridios) también en los programas de procesamiento del corral. Es necesario recordar que los factores que afectan la eficiencia de las Vacunas son:

a) La nutrición: proteína, vitaminas y minerales.
b) El estrés de los animales al momento de vacunarlos.
c) La edad de los animales. Los jóvenes requieren más tiempo para responder, mientras que los añeros lo hacen más rápido.

Implantes.

El procesamiento de parásitos internos incluye la aplicación de un implante promotor del crecimiento, el cual debe repetirse en intervalos de 60 a 80 días, de acuerdo con el programa estipulado en el corral.

Desparasitación y vitaminación.

El control de parásitos internos incluye la aplicación de un desparasitante sistémico y las vitaminas A, D y E complementan el programa rutinario a la recepción.

Antibióticos.

La aplicación de antibióticos debe restringirse a los animales enfermos y se les debe remitir a la enfermería hasta su recuperación o eliminación.

Los procedimientos quirúrgicos, como el descornado, se pueden realizar al momento del procesamiento, pero se recomienda hacerlo por lo menos tres semanas después de la llegada del ganado al corral. Debido a que el descornado es más doloroso que una castración se recomienda solamente despuntar, es decir, no cortar el cuerno completo, para minimizar el estrés, pues de lo contrario el dolor extremo puede hacer que los animales dejen de comer. Además, el seno que se encuentra en los huesos por debajo del cuerno puede quedar abierto y causar infección y dolor.

Para el ganado liviano debe establecerse un programa de sanidad diferente. Las prácticas de manejo del ganado chico a la recepción incluyen evitar el descornado hasta que se efectué otro manejo, por ejemplo, la revacunación.

1.- Detección de ganado enfermo

Se debe localizar el ganado enfermo lo más pronto posible para aplicarle el tratamiento adecuado. La falla en esa detección temprana es la temprana causa de que los tratamientos no funcionen y de que aumente el número de animales crónicos y muertos en los corrales. Si estos animales no se sacan de su corral para llevarlos a la enfermería antes de que avance el problema de salud.

1.- Personal de la enfermería.

Las responsabilidades del personal de la enfermería deben considerar:

- Control del inventario del ganado en la enfermería (rastrear datos por corral y por lote).
- Control de inventarios de medicamentos.
- Controlar los corrales de recuperación.
- Formar grupos de ganado recuperado y avisar a los vaqueros que deben regresarlos a su corral.
- Decidir si el ganado está listo para regresar a su corral o dejarlo con los crónicos.

Las responsabilidades del equipo de vaqueros deben incluir:

- Detección de enfermos.
- Movimiento de ganado.
- Llevar ganado de recepción a su corral de producción.
- Llevar ganado enfermo del corral a la enfermería.
- Llevar ganado de la enfermería al corral de producción.
- Llevar ganado finalizado al rastro.
- Otros movimientos.

Otras funciones.

2.- Manejo de la enfermería.
3.- Rutina de tratamientos.
4.- Animales crónicos.
5.- Alimentación de enfermos.
6.- Evaluación del trabajo de la enfermería.
7.- Registro de enfermería.

Herramientas técnicas.

A). Reporte de enfermería

1. Reporte de engorda:

- lote/corral.
- Fecha de entrada.
- Peso de origen.
- Mermas.
- Días de engorda.
- Morbilidad por corral (%).
--Respiratoria.
--Digestiva.
--Por otras causas.

- Mortalidad por corral/lote (%).
--Respiratoria.
--Digestiva.
--Por otras causas.

- Porcentaje de recaídos.
- Porcentaje de fuerza mayor.

Este reporte se genera por periodos específicos (mensual) y la información correspondiente a la que presentan los animales desde su origen.

2. Enfermería

- Número de enfermos.
- Porcentaje de recaídos.
--Respiratorios.
--Digestivos.
--Por otras causas.

- Porcentaje de muertos
--Respiratorios

--Digestivos

--Por otras causas

3. **Reporte de morbilidad respiratoria**

4. **Reporte de ganado enfermo.**

Ejemplo de un programa Sanitario para ganado livinano.

1. Agua.
2. Alimento.
3. IBR/PI3 intranasal
4. IBR/PI3/DVD/DRSB subcutánea.
5. Clostridium (8 Vias + Pasteurella *Manhemia*).
6. Invermectina Intramuscular profunda.
7. Vitamina ADE.
8. Revalor (Implante para desarrollo).

Factores críticos para hacer rentable la finalización de bovinos en corral.

MVZ MC RUBEN AGUILERA SOSA1

Introducción.

Para la producción de carne y canales de primera calidad, los finalizadores de ganado bovino deben mantener un estricto control en el proceso de alimentación y sacrificio del ganado, dando al consumidor final la garantía y seguridad de un producto fresco, con calidad e inocuidad. La producción de carne al menor costo, sin deterioro del ambiente, debe ser otro de los objetivos más cuidados por cualquier empresa dedicada a la finalización de ganado en corral, para competir y permanecer en el mercado con buenos márgenes de utilidad. Debido a que los costos variables de mayor repercusión en el costo total de producción de carne, son la compra de animales y la alimentación, especial énfasis debe enfocarse en estos dos conceptos, pues de ello dependerá la obtención de utilidades.

Actualmente solo aquellos ganaderos con mentalidad empresarial han aceptado el reto de hacer rentable el sistema de finalización de bovinos en corrales, y se dan el tiempo necesario para analizar las condiciones del mercado y tomar las decisiones adecuadas.

Factores que determinan la rentabilidad.

La finalización de ganado bovino en corral es una actividad que para ser rentable requiere desde su inicio, de una buena estrategia administrativa. La planeación, organización, dirección y control que toda empresa exitosa posee, debe aplicarse también a los corrales de finalización, pues bajo las condiciones actuales se debe tener asegurado en los animales un diferencial de precio en la compra-venta, un comportamiento productivo optimo, un costo de producción igual o inferior del precio de venta y el canal o canales de comercialización que permitan el sacrificio y venta de los animales en el tiempo programado ya sea en pie o en canal.

Puesto que la rentabilidad del corral de engorda depende de los factores antes descritos, es muy importante disponer de las herramientas que nos permitan predecir o determinar el resultado económico en unos minutos y no esperar hasta que los animales se comercialicen para saber si fue o no rentable. Las hojas de cálculo, son imprescindibles para elaborar programas de simulación como el propuesto por Aguilera y col., 1997 y deberán diseñarse para cada empresa en específico, pues cada unidad de producción difiere en muchos aspectos (Instalaciones y equipo, Capital de trabajo, Capacidad instalada, Personal de campo, técnico y administrativo, etc.).

Condiciones Actuales.

Los sistemas de finalización de bovinos en corrales de engorda, atraviesan por una situación complicada de altos costos de los insumos y precios más o menos estáticos de la carne y las canales. Requieren de alta capitalización y tecnificación, siendo muy sensibles a los precios de compra-venta del ganado, comportamiento productivo y a los precios de los diferentes insumos, principalmente los granos (maíz o sorgo) y pastas proteicas (pasta de soya) mismos que en su mayoría son de importación. Consecuencia en los incrementos en el precio internacional de los granos y demás insumos necesarios en los últimos años, y al precio estable de los bovinos en pie o en canal, la rentabilidad de las unidades de producción se ha disminuido considerablemente, a tal grado que la mayoría de los finalizadores en pequeño (20 a 100 cabezas) prácticamente han dejado la actividad. Otros finalizadores de nivel medio están al 50% o menos de su capacidad instalada, en espera de mejores condiciones. Solo los engordadores organizados que operan a mayor escala continúan sus actividades normales, sin embargo sus márgenes de utilidad se han disminuido considerablemente, manifestando algunos empresarios, pérdidas económicas importantes en algunos meses del año. Es importante destacar que el comportamiento productivo observado en diferentes localidades y corrales de finalización es de bueno a excelente, mostrando incrementos diarios de peso de 1.6 a 2.1 kg por animal, consumos de alimento aproximados de 11 a 12 kg ($\approx$90% MS) y conversiones alimenticias de 5.5 a 7.5.

Alternativas.

En el aspecto nutricional, se tendrá que optimizar la formulación de las dietas con el uso de ingredientes energéticos o proteicos, de acuerdo a su composición química, valor nutritivo, disponibilidad, y precios o costos de producción, si estos surgen de la misma empresa. Un replanteamiento integral en el manejo de la alimentación y del ganado será necesario, si con los precios actuales en el alimento y la conversión alimenticia (Consumo/Ganancia) no se vislumbra un margen favorable en función de los precios del ganado en pie o de las canales.

Para comprender la importancia de la alimentación y su costo, analicemos el siguiente cuadro. La conversión alimenticia (Consumo diario/ganancia diaria) nos indica los kilogramos de alimento que un animal requiere para incrementar un kg de peso. Con este parámetro (Conversión alimenticia) y el costo del kg alimento o dieta podemos estimar el costo de alimentación durante el periodo de finalización. En la medida en que el costo del alimento se incremente, la conversión alimenticia deberá ser menor para estar en condiciones de obtener un beneficio económico.

Cuadro 1. COSTOS DE ALIMENTACION POR KG DE PESO AUMENTADO						
CONSUMO/ GDP	$ 2.80	$ 3.00	$ 3.20	$ 3.40	$ 3.60	$ 3.80
5.00	$ 14.00	$ 15.00	$ 16.00	$ 17.00	$ 18.00	$ 19.00
5.50	$ 15.40	$ 16.50	$ 17.60	$ 18.70	$ 19.80	$ 20.90
6.00	$ 16.80	$ 18.00	$ 19.20	$ 20.40	$ 21.60	$ 22.80
6.50	$ 18.20	$ 19.50	$ 20.80	$ 22.10	$ 23.40	$ 24.70
7.00	$ 19.60	$ 21.00	$ 22.40	$ 23.80	$ 25.20	$ 26.60
7.50	$ 21.00	$ 22.50	$ 24.00	$ 25.50	$ 27.00	$ 28.50

Podemos observar que es necesario hacer más eficientes a los animales en el aprovechamiento de las dietas consumidas de acuerdo con su costo. Esto es, hacer que ganen mayor peso con un consumo de alimento menor. Una conversión alimenticia de 5.5 a 7.0 será necesaria si el costo de alimento es de $2.80. Si el costo del alimento se incrementa a $3.60 se deberá lograr una conversión no mayor a 6.0 para tener expectativas similares. Generalmente una conversión alimenticia de 5.5 o menor se logra con dietas balanceadas altamente energéticas.

A continuación abordaremos algunos de los factores que nos permitirán hacer rentable la finalización de bovinos en los corrales.

Comportamiento durante el periodo de finalización.

Es importante destacar que el resultado final en el comportamiento de los bovinos en corral, dependerá de varios factores, entre los que destacan: Alimentación (Tipo de dietas e ingredientes usados), el uso de anabólicos y beta-agonistas legalmente permitidos, edad, sexo y genotipo de los animales, condiciones ambientales, manejo a la recepción y durante el periodo de engorda, días de finalización, e Instalaciones.

Alimentación.

Con base en el incremento de los costos de los principales insumos (maíz y pasta de soya) de las dietas usadas tradicionalmente en los corrales de finalización, se deberán usar ingredientes alternos como fuentes de energía y proteína, con el objetivo de disminuir el costo del alimento. El uso óptimo de subproductos agroindustriales (Salvado de trigo, Pulido de arroz, Melaza de caña, etc.) con precios menores a los granos, son la alternativa para disminuir el costo de las dietas, sin afectar el comportamiento productivo.

Actualmente todas las dietas deben ser diseñadas con programas de formulación de costo mínimo, y de esta manera optimizar el empleo de los nutrimentos más importantes (Proteína cruda, Proteína metabolizable, Proteína Degradable y no Degradable, Nitrógeno no proteico, Energía Metabolizable, Energía neta para la ganancia de peso y Minerales esenciales). Cada formula o dieta deberá estar calculada para cubrir los requerimientos nutricionales de los animales de acuerdo a sus características y el comportamiento esperado. Tradicionalmente se ha sugerido la consulta de los Requerimientos Nutricionales del ganado bovino de carne (NRC, 1984, NRC, 1996,

NRC, 2006) sin embargo siempre existirán nuevas investigaciones que modifiquen los criterios de formulación.

Proteína Cruda y Nitrógeno No Proteico (NNP).

Debido a que la alimentación de los rumiantes debe estar enfocada a proporcionar los nutrimentos necesarios tanto a microbios ruminales como al animal que los hospeda, para hacer más eficiente la producción animal, se debe tomar en cuenta que la síntesis de proteína microbiana a partir del nitrógeno de la dieta depende de la cantidad y naturaleza de los constituyentes de la misma, así como de la cantidad de materiales altamente energéticos (NRC, 1976). Las principales fuentes de cadenas de carbono para la síntesis microbiana son los glúcidos y aminoácidos preformados de la dieta. Las proteínas degradadas son la principal fuente de esqueletos de carbono de cadena ramificada. Una concentración o nivel óptimo de amonio, energía fácilmente disponible, esqueletos de carbono, minerales, vitaminas, estimulantes o inhibidores del crecimiento (antibióticos ionoforos, hormonas, anabólicos) y factores que influyan en el ambiente físico o químico (pH, temperatura, tamaño y densidad de partícula, presencia o no de oxígeno, etc.) maximizarán la síntesis microbiana en el rumen (NRC, 1976).

La urea es una de las fuentes de NNP más empleadas en la alimentación de rumiantes. En el caso del ganado de carne, se ha suplementado en diferentes tipos de dietas, observándose las mejores respuestas en dietas de pobre calidad a base de ensilados, pajas y rastrojos. Con dietas de mediana concentración energética, la suplementación con urea, mejora regularmente la respuesta de los animales, en tanto que con dietas altas en energía y con un contenido de 13% de proteína cruda o más, la suplementación no mejora la respuesta (NRC, 1976). De esta manera se ha establecido proporcionar no más de un tercio del Nitrógeno total de la dieta a partir de NNP o bien 1% de urea (B.S.), sin embargo Zinn y col., (2003) sugieren como optimo 0.8% de urea en dietas a base de cebada con 12.5% de proteína cruda.

El uso de 12.5 a 14.4% de proteína cruda con niveles de 0.5 a 1.5% de urea en las dietas eran hace más de una década, los criterios de formulación para ganado en finalización en los E.U.A. (Galyean, 1996). El uso de concentraciones mayores a las indicadas por el NRC, eran fundamentadas en la hipótesis de que al incrementar el nivel de proteína de la dieta podría aumentar la digestión posruminal del almidón (Hungtinton, 1995) debido a que la secreción y actividad de la amilasa pancreática responsable de la digestión de los almidones, es mejorada al incrementar el aporte de proteína al intestino delgado. Información más reciente indica que incrementando la concentración de PC de 11.5 a 13% incrementa ligeramente la ganancia diaria de peso (GDP). Una concentración por arriba de 13% parece detrimental para la GDP y el peso de la canal caliente (Gleghorn y col., 2004), además, conforme se incrementa la concentración de proteína en la dieta de 11.5 a 13%, las emisiones in Vitro diarias de amonio se incrementan de 60 a 200% debido primariamente al incremento en la excreción de Nitrógeno urinario (Cole y col., 2005).

Ofrecer un porcentaje de Proteína cruda mayor al necesario, implica un incremento en el costo del alimento, además de favorecer el desperdicio de nitrógeno y un nivel más alto de contaminación al ambiente.

Minerales Esenciales.

Los minerales esenciales son aquellos que tienen una función bien definida y deben estar en la dieta de los bovinos para una salud y productividad óptimas. Tienen funciones vitales importantes, como la activación de muchas proteínas incluyendo enzimas, manteniendo el balance iónico y pH, proveyendo la rigidez estructural de huesos y dientes y sirviendo como reguladores en la homeostasis metabólica. Una concentración inadecuada en la dieta, compromete el crecimiento, la reproducción y la salud (NRC, 2005).

Al menos 17 Minerales son requeridos por el ganado bovino: Calcio, Cloro, Cromo, Cobalto, Cobre, Fluor, Yodo, Hierro, Magnesio, Manganeso, Molibdeno, Fosforo, Potasio, Selenio, Sodio, Azufre y Zinc. Basado en experimentos que indican efectos benéficos cuando son suplementados en las dietas, 6 minerales adicionales, pueden ser requeridos: Arsénico, Boro, Nickel, Rubidio, Silice y Vanadio. Sin embargo, no se han identificado funciones bioquímicas especificas para ellos y no existe consenso de su esencialidad entre los Nutricionistas (NRC, 2005).

Muchos de los minerales esenciales son usualmente encontrados en los alimentos. Otros son frecuentemente insuficientes en la dieta del ganado y la suplementación es necesaria para optimizar el desarrollo o la salud animal. La suplementación en exceso de los requerimientos incrementa las pérdidas de minerales en los desechos del ganado. En el caso del Cromo, aunque se sabe que funciona como un componente del factor de tolerancia a la glucosa que sirve para potencializar la acción de la insulina e incrementa la respuesta inmune y la tasa de crecimiento en ganado estresado, no hay información suficiente para apoyar una recomendación general de suplementación en dietas comerciales de rumiantes, sin embargo se han identificado dos situaciones en la cual la suplementación con Cromo pudiera tener una aplicación comercial: ganado de reciente arribo a los corrales de finalización y ganado lechero de primera lactación durante el periodo de transición (NRC, 1997). En la misma situación se encuentra el Níckel, cuya función en el metabolismo de los mamíferos es aún desconocida, aunque se sabe que es componente de ureasas y su inclusión en la dieta incrementa la actividad ureasica.

La suplementación en exceso de minerales debe evitarse para prevenir posibles problemas ambientales asociados con los desagües o la aplicación de los desechos al suelo (NRC, 2000).

Generalmente, las premezclas de minerales para el ganado en finalización se han diseñado para cubrir el déficit que se presenta en las dietas con el uso de determinados insumos, sin embargo muchos productores de menor escala las usan sin importar si cubren o no el perfil deseado, lo que condiciona a proporcionar niveles suboptimos de macro y micro minerales así como también exceso en algunos casos.

En resumen una premezcla mineral deberá estar diseñada en función de los requerimientos de minerales conocidos y la disponibilidad y contenido de minerales en los ingredientes usados en la dieta.

Vitaminas.

Son requeridas para permitirle al animal utilizar otros nutrimentos. Los rumiantes pueden ser más susceptibles a las deficiencias de vitaminas en sistemas de producción en confinamiento y cuando los niveles de producción incrementan los requerimientos metabólicos. Las deficiencias pueden corregirse incrementando el consumo de precursores de las vitaminas, con suplementos de vitaminas o por inyección. En el caso de la Vitamina A, es preferible usar la vía I.M. ya que es utilizada más eficientemente que la provista en el alimento, debido a la extensa destrucción de la vitamina en el rumen y abomaso. Debido a que la Vitamina D es sintetizada por el ganado productor de carne expuesto a la luz solar o alimentado con forrajes curados al sol, estos animales raramente requieren la suplementacion de Vitamina D (NRC, 2000). La Vitamina E ha sido usada como un antioxidante en las membranas celulares y como protector y facilitador de la captación y almacenaje de Vitamina A. Hay muchos factores que influencian la estabilidad de la Vitamina E en los alimentos como el calor, oxigeno, humedad, ácidos grasos insaturados y minerales traza (NRC, 2000).

Por lo antes descrito, es mejor usar la suplementacion de vitaminas ADE por la vía intramuscular.

Aditivos.

Con la finalidad de mejorar el comportamiento productivo del ganado finalizado en corral, se han empleado diferentes tipos de aditivos. Para reducir los problemas de acidosis y timpanismo de animales alimentados con dietas altas en energía, se han usado los antibióticos ionoforos solos (Monensina, Lasalocida) o combinados (Monensina mas Tilosina), además del bicarbonato de sodio. La Monensina sódica, es uno de los ionoforos mas usados en la actualidad, para incrementar la eficiencia de producción en los corrales de engorda, al incrementar la utilización de la energía de la dieta. Cuando se adiciona con bicarbonato de sodio (Zinn y Borques, 1993) la respuesta en crecimiento puede ser pequeña en dietas de finalización altas energía y no existe interacción entre ellos. La Monensina sódica al igual que Lasalocida sódica incrementan la excreción urinaria de Mg y no alteran el metabolismo del Ca y P (Kirk, Fontenot y Rahnema, 1994). No producen cambios dramáticos en las hormonas metabólicas y perfiles químico clínicos, sin embargo monensina y lasalocida alteran los minerales séricos en novillos alimentados con dietas muy concentradas (Duff y col., 1994).

La monensina reduce la variación del consumo de materia seca de dietas de finalización muy concentradas y puede reducir los efectos de la acidosis, al modular cambios en el consumo de materia seca (Stock, y col., 1995).

Por otra parte, el control de abscesos hepáticos en el ganado finalizado en corrales ha dependido del uso de compuestos antimicrobiales como Tilosina, sin embargo varios estudios han sugerido que aunque este antibiótico reduce significativamente la incidencia, esta no previene completamente los abscesos hepáticos, observándose porcentajes similares (34 vs 35% de abscesos hepáticos) en grupos tratados o no con tilosina (Nagaraja y col., 1999).

Implantes Anabólicos.

Las sustancias estrogénicas aumentan el crecimiento muscular Involucrando una acción indirecta sobre la glándula pituitaria que causa la liberación de la hormona de crecimiento y una acción directa sobre los receptores del musculo esquelético. El musculo esquelético bovino contiene receptores de estrógenos y andrógenos. Estos últimos, parecen ejercer solamente un efecto de crecimiento directo sobre los sitios receptores en el tejido muscular. La suma de estas acciones directas e indirectas, ejercen la respuesta aditiva del crecimiento, usualmente registrada en el ganado implantado con una combinación de compuestos estrogénicos y androgénicos. Machos y hembras implantados con 17βEstradiol/Acetato de trembolona en relación 1:10, crecen más rápido y muestran mejor conversión alimenticia que los implantados en relación 1:5. (Herschler y col., 1995).

Los implantes anabólicos son usados rutinariamente en los corrales de finalización para promover el crecimiento. Su uso favorece la síntesis de proteína, se incrementa la ganancia diaria de peso, y se mejora la conversión alimenticia. Dependiendo del tipo de canales y carne que se desea obtener, se elegirá el implante o implantes más adecuados, aplicándolo una o dos veces, durante el periodo de finalización.

Beta-agonistas legalmente permitidos.

El Clorhidrato de Zilpaterol y el Clorhidrato de ractopamina son los dos beta-agonistas legalmente permitidos para su uso en la alimentación animal. Su empleo se justifica para satisfacer la demanda de carnes magras o con poca cantidad de grasa. Los dos betaagonistas, mejoran el comportamiento de los animales sin alterar el color de la carne (Avendaño y col., 2006).

El Clorhidrato de Zilpaterol es el betaagonista de mayor uso en los corrales de finalización en las zonas tropicales. Su empleo en los últimos 30 días de finalización, mejora el crecimiento y la deposición de musculo en machos y hembras (Montgomery y col., 2009). El Clorhidrato de Zilpaterol es un agente reparticionista que afecta la composición de las canales, primariamente a través de la deposición de musculo y la acreción de proteína; otros factores como humedad, grasa, y cenizas son o no mínimamente afectados (Leheska y col., 2009). El Zilpaterol incrementa la ganancia diaria de peso (GDP), Eficiencia alimenticia (Ganancia de peso/Consumo de alimento) y el peso final de novillos. Aunque disminuye el marmoleo, hay un marcado incremento en el peso de la canal caliente, y porcentaje de cortes primarios. Adicionalmente se disminuye la cantidad de grasa, lo que mejora la producción de carne magra (Montogomery y Col., 2009).

Edad de los animales.

Generalmente animales más jóvenes muestran mejores conversiones alimenticias en relación con animales de mayor edad. Los bovinos que provienen del pastoreo sin suplementación de energía-proteína, o de minerales muestran incrementos de peso de alrededor de 300 a 500 gramos por día, así es que requieren de aproximadamente de 22 y 36 meses respectivamente para alcanzar los 350 kg. Para obtener canales y carne de mejor calidad es necesario que los bovinos lleguen a los corrales de finalización con menor edad.

Peso de los animales.

Dependiendo del tipo de canales y carne que se quiere producir, se prefieren los bovinos mayores de 300 kg, pues el beneficio del diferencial de precio de compra venta proporciona mayor utilidad. Sin embargo, los becerros jóvenes de entre 250 y 280 kg, proporcionaran una carne de mayor calidad.

Sexo de los bovinos.

Si bien los machos muestran las mejores conversiones alimenticias y mejores incrementos de peso, las hembras tienen un costo menor de compra. Por otra parte el diferencial de precio de compra venta puede ser más atractivo en las hembras.

Genotipo.

Las cruzas de ganado de las zonas tropicales que mejor comportamiento productivo han mostrado son sin duda las provenientes de ganado especializado para la producción de carne con Cebú (Simmental, Simbrah, Suizo europeo, Charolais, etc). Sin embargo, todos los corrales de finalización en el país, muestran un gran mosaico genético, producto del cruzamiento que cada productor de becerros hace en su unidad de producción.

Escala de operación.

Primeramente hay que definir el punto de equilibrio para el número de animales a finalizar. Para el cálculo es necesario disponer de la información del comportamiento productivo, de los costos fijos, costos variables y de los precios vigentes de compra-venta del ganado en pie y en canal. La determinación del número de animales a finalizar, también puede definirse en función de la capacidad instalada para la fabricación del alimento y del número de corrales.

Precios de compra venta del ganado para finalizar.

Bajo las condiciones actuales de precios de compra y venta de animales, se requiere que por lo menos, haya un diferencial de precio de $3.00 por kg. Básicamente este factor, es quien ha sostenido y actualmente sigue sosteniendo la rentabilidad de los corrales de finalización. Una disminución por debajo de los $2.00 llevara a la empresa finalizadora a márgenes reducidos, que no aseguran una buena utilidad.

Compra de Insumos para la finalización de bovinos.

Todas las compras deben hacerse por volumen y/o a la capacidad máxima de los vehículos empleados, para minimizar los costos del transporte. La asociación de productores para la compra a mayor escala de todos los insumos (Granos, Pastas proteicas, anabólicos, desparasitantes, vacunas, antibióticos, vitaminas y premezclas minerales) deberá promoverse para disminuir los altos costos de producción que muestran los finalizadores de pequeña escala.

Uso del Financiamiento.

Para la mayoría de los empresarios, el financiamiento es un insumo más que puede usarse en los sistemas de finalización de bovinos, dependiendo de las condiciones del crédito y las tasas de interés vigentes o futuras.

Registros de producción

Toda empresa ganadera debe poseer el control de la información generada en su unidad de producción, mediante el uso de registros del comportamiento de los animales, egresos e ingresos, mismos que le auxiliaran a tomar decisiones en el momento oportuno.

Si no existen registros del comportamiento de los animales (Peso inicial, Peso final, Consumos promedio diarios, tratamientos recibidos, mortalidad, morbilidad, etc.), y de los costos y gastos durante el periodo de finalización, simplemente no hay posibilidades de una evaluación, así es que el productor o finalizador de ganado no sabrá que tan rentable es su actividad.

Conclusiones.

Bajo las condiciones económicas actuales, se requiere de la aplicación de todo el conocimiento tecnológico disponible para maximizar el comportamiento de los animales y de una gran habilidad para disminuir los altos costos y gastos de producción en la finalización de los bovinos.

Literatura citada.

Aguilera S.R., E. Canudas L., y A. Villagómez C., 1997. ESTRATEGIAS PARA MEJORAR LA RENTABILIDAD DEL SISTEMA DE ENGORDA EN CORRAL Y PASTOREO. Mem. XXV Día del Ganadero del Campo Experimental "La Posta". Alternativas para optimizar la producción de leche y carne en el trópico. XXXIII Reunión Nacional de Investigación Pecuaria Veracruz 1997.

Avendaño-Reyes, L. V. Torres-Rodriguez, F.J. Meraz-Murillo, C. Perez-Linares, F. Figueroa-Saavedra and P.H. Robinson, 2006. Effects of two β-adrenergic agonists on finishing performance carcass characteristics, and meat quality of feedlot steers. J. Anim. Sci. 84:3259-3265

Barajas R., y R. A. Zinn, 1998. The Feeding Value of dry-rolled and steam-flaked corn in finishing Diets for feedlot cattle: Influence of protein supplementation J. Anim. Sci. 1998. 76:1744-1752.

Cole, N.A., R.N. Clark, R.W Todd, C.R. Richardson, A. Gueye, L.W. Greene and K. McBride. 2005. Influence of dietary crude protein concentration and source on potential ammonia emissions from beef cattle manure. J. Anim. Sci. 2005. 83:722-731.

Duff G.C., M.L Galyean, M.E. Branine and D.M. Hallford, 1994. Effects of Lasalocid and Monensin Plus Tylosin on Serum Metabolic Hormones and Clinical Chemistry Profiles of Beef Steers fed a 90% Concentarte Diet. J. Anim. Sci.1994. 72:1049-1058.

Galyean, M.L.,1996. Protein levels in beef cattle finishing diets: Industry application, University Research, and Systems Results. J. Ani. Sci. 1996. 74:2860-2870

Gleghorn, J.F., N.A. Elam, M.L. Galyean, G.C. Duff, N.A. Cole and J.D. Rivera 2004. Effects of crude protein concentration and degradability on performance, carcass characteristics, and serum urea nitrogen concentrations in finishing beef steers. J. Anim. Sci.2004. 82:2705-2717.

Herschler, R.C., A.W. Olmsted, A.J. Edwards, R.L. Hale, T. Montgomery, R.L. Preston, S.J. Bartle and J.J. Sheldom, 1995. Production Responses to Various Doses and Ratios of Estradiol and Trembolone Acetate Implants in Steers and Heifers. J. Anim. Sci. 73:2873-2881

Hungtinton, G.,1995. Starch utilization by ruminants: From basics to the bunk. J. Anim. Sci. 73 (Suppl. 1):268 (Abstr.)

N.R.C., 2000. Nutrient Requirements of Beef Cattle. Seventh Revised Edition. Update 2000. National Academy Pres. Washington, D.C.

N.R.C., 2005. Mineral Tolerance of animals. 2nd. Rev. Ed. National Academy Pres. Washington, D.C.

Stock, R.A., S.B. Laudert, W.W. Stroup, E.M. Larson, J.C. Parrott And R.A. Britton, 1995. Effect of Monensin and Monensin and Tylosin Combination on Feed Intake Variation of Feedlot Steers. J. Anim. Sci. 1995. 73:39-44.

Zinn, R.A., R. Barrajas, M. Montano and R.A. Ware, 2003. Influence of dietary urea level on digestive function and growth performance of cattle fed steam-flaked barley-based finishing diets. J. Anim. Sci. 2003:81:2383-2389.

Ensilaje: El beneficio de hacerlo y el costo de no hacerlo.

MVZ MC Rubén Aguilera Sosa[1]
IAZ PhD Isaías López Guerrero[2]

Introducción.

La alimentación de los rumiantes en las regiones de clima tropical, está basada en el pastoreo de forrajes de calidad variable, debido al inapropiado manejo de estos y a las condiciones climáticas existentes. La falta de una alimentación adecuada con forrajes de buena calidad, complementada con energía, proteína, minerales y vitaminas a través del año, así como la sobrecarga de los potreros, son los principales factores que determinan los bajos índices productivos, lo que trae como consecuencia la baja o nula rentabilidad de las unidades de producción. El Análisis de las condiciones ambientales y las acciones para contrarrestar sus efectos, son sin duda dos conceptos que han pasado desapercibidos por generaciones. En las regiones de clima tropical al igual que en las de clima templado, existen temporadas de abundancia y escasez, debidas a condiciones climáticas adversas. Sin embargo en las regiones de clima templado la conservación de forrajes a través de la henificación y/o el ensilaje son prácticas rutinarias, lo que permite alimentar al ganado bajo condiciones de estabulación y soportar las bajas temperaturas y la nieve del invierno. En los trópicos, no obstante que se conocen las condiciones climáticas y las fluctuaciones en la producción de forrajes, muy pocos productores se han apropiado de la tecnología de conservación para planear estratégicamente su sistema de alimentación. Por el contrario, año con año se implora (sin resultados), a que la lluvia llegue antes de la temporada, para mitigar el hambre de gran parte del ganado bovino y la mortalidad asociada a problemas sanitarios y desnutrición. Los argumentos para esa falta

---

[1]   Facilitador del Sistema Producto Bovinos Carne de Veracruz.
      Consultor en Nutrición Animal. Nuttropic, S.A. de C.V.
      e-mails: aguilerasosa@yahoo.com, nuttropic@live.com.mx
[2]   Investigador Titular, Campo Experimental La Posta. INIFAP.
      e-mails: lopez.isaias@inifap.gob.mx

de planeación son el desconocimiento de la tecnología disponible, la falta de recursos económicos y la disponibilidad de maquinaria y equipo. Para la conservación de forrajes existen alternativas como el Ensilaje y la Henificación. La ventaja de emplear el ensilaje, radica en una menor dependencia de las condiciones atmosféricas, y a su mayor contenido de energía neta y proteína cruda para los animales, si se realiza adecuadamente.

Conceptos.

Para los productores en general, los términos de ensilaje, ensilado y silo pueden significar lo mismo, sin embargo es necesaria la diferenciación de cada término, para un mejor entendimiento con los agentes de cambio o prestadores de servicios profesionales agropecuarios que los asisten.

Ensilaje.- Proceso fermentativo anaerobio mediante el cual se producen ácidos orgánicos y el material almacenado se conserva con perdida mínima de nutrientes por tiempo indefinido.

Ensilado.- Producto resultante del proceso de ensilaje.

Silo.- Estructura o sitio para almacenar el forraje.

Consideraciones generales del proceso de Ensilaje.

Al tomar la decisión de conservar el forraje, mediante el ensilaje, deben considerarse los principales factores que afectan este proceso (Fig. 1). Para obtener una fermentación ideal con una pérdida minina de nutrimentos, el forraje seleccionado debe poseer un contenido de materia seca de 28-34%, de 6-8% de azucares solubles en agua, mínima capacidad amortiguadora, gran población de bacterias productoras de acido láctico y una temperatura y grado de compactación adecuados que permitan una rápida proliferación de la población microbiana (McCoullogh, 1977). Con estas características y de acuerdo a su costo de producción y valor nutritivo, el material a elegir como primera opción es el **Maíz forrajero**. Para obtener los mejores resultados se sugiere aplicar la tecnología de producción de maíz generado por el INIFAP (Tinoco y col, 2002; INIFAP, 2007). La otra opción es el **Sorgo forrajero**, del que se pueden obtener 2 o 3 cosechas, dependiendo de las condiciones climáticas y de manejo. Otras opciones que han sido investigadas y que deben ser consideradas para ensilar solo en aquellos casos y lugares en donde no fue posible cultivar el Maíz o Sorgo Forrajeros, son los **Pastos Tropicales** como los del **Genero Pennisetum** mismos que requieren de la adición de azucares solubles para una fermentación adecuada (Aguilera, Llamas y Shimada, 1992).

En general, cuando el forraje es ensilado, la respiración de la planta continua después de que el silo es llenado, utilizando el oxigeno del aire atrapado entre el forraje. La respiración está asociada con el desdoblamiento de azucares produciéndose bióxido de carbono, agua y calor. La presencia de cantidades excesivas de aire resulta en un incremento mayor en la temperatura reduciendo el valor alimenticio al haber consumo de energía y al producirse reacciones bioquímicas que reducen la digestibilidad. La compactación adecuada restringe las pérdidas de azucares debidas a la respiración.

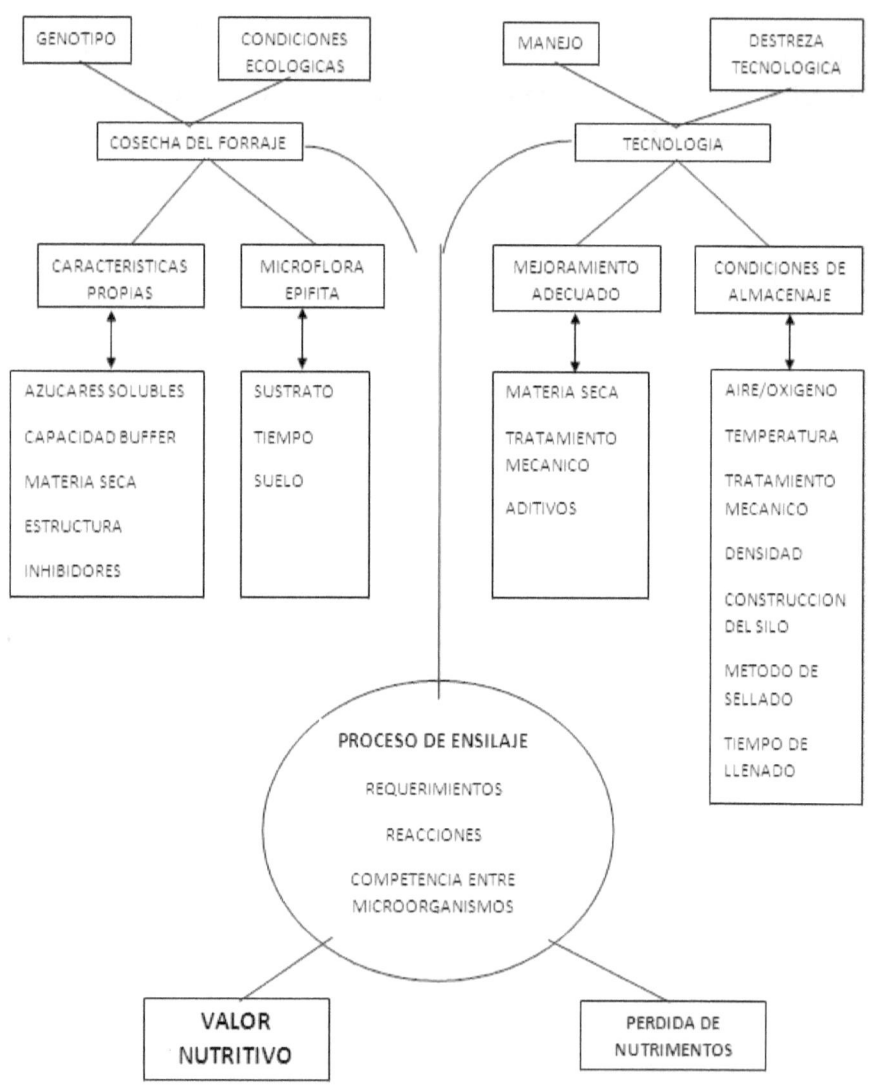

Fig. 13.- Factores que afectan el proceso de ensilaje (Zimmer, 1971).

El proceso fermentativo se inicia por la actividad enzimática y la presencia de levaduras, mohos y bacterias aeróbicas. Esto resulta en el desdoblamiento de azucares estructurales y simples, produciéndose ácido acético, propiónico y láctico. La degradación de proteínas en aminoácidos y amonio puede ocurrir. Conforme se agota el oxígeno y se incrementa la acidez, los mohos y las levaduras cesan su crecimiento o desaparecen, permaneciendo activas solo las bacterias anaeróbicas. Estas últimas producen cantidades mayores de ácidos orgánicos a partir de los azucares. El tipo de fermentación de ácido producido depende del microorganismo presente. Los lacto- bacilos fermentan los azucares soluble en agua, produciendo ácido láctico y ácido acético (Woolford, 1985). La producción de ácidos provee un medio de bajo pH (3.8 – 4.3) mismo que permanecerá estable si las condiciones anaerobias persisten, evitando el crecimiento de Clostridios, mismos que son responsables de la conversión del ácido láctico en acido butírico, además de ocasionar la degradación de proteínas y aminoácidos.

La conversión de azúcar a ácido láctico involucra solo una pequeña perdida de energía. El incremento en la acidez y la alta presión osmótica controlan la actividad de las bacterias anaeróbicas y su crecimiento es completamente inhibido cuando el valor de pH cae por debajo de 4.2.

De acuerdo a los estándares establecidos en áreas de clima templado, un forraje bien preservado en la forma de ensilaje debe poseer un pH de 4.2 o inferior, una concentración de ácido butírico menor del 0.2%, un contenido de Nitrógeno amoniacal (N-NH3) menor del 11% del Nitrógeno Total y una concentración de ácido láctico entre 3-13% de la materia seca (Catchpoole y Henzell, 1971).

Independientemente del tipo de clima, el objetivo de almacenar el forraje verde como ensilaje es preservar el material con una pérdida mínima de nutrimentos. Los dos requisitos para una preservación eficiente son, la exclusión máxima del aire (oxigeno) y la prevención de la descomposición aeróbica durante el almacenaje.

Si bien con la conservación de maíz y sorgo forrajeros por medio del ensilaje pueden obtenerse buenas características químicas y fermentativas, con los pastos tropicales es difícil alcanzar estándares similares a los determinados para clima templado, pues tienen como limitante presentar contenidos más bajos de materia seca y de azucares solubles, lo que ocasiona fermentaciones lentas o insatisfactorias y la descomposición anaeróbica durante el almacenaje (Crowder y Chheda, 1982). El elevado contenido de humedad propicia la perdida de nutrimentos por drenaje y probablemente también a la proliferación de microorganismos que producen ácidos indeseables. El contenido de azucares en el forraje asociados a una fermentación de tipo láctico en climas templados varía entre 13 y 16% de la materia seca, en tanto que los forrajes de clima tropical el contenido es mucho menor. Otra condición que afecta el contenido de azucares solubles es la cantidad de nitrógeno aplicado como fertilizante, pues este factor esta correlacionado negativamente con los azucares solubles. Así mismo la edad de la planta, la relación tallo: hojas, y la hora del día en que es cortado el forraje, afectan el contenido de azucares solubles y de materia seca. Una gran cantidad de estos azucares son usados durante los primeros cuatro días del ensilaje y el pH después de este tiempo es de mayor importancia para determinar la fermentación final. A menos que haya una adecuada disminución del pH en este periodo, los efectos de las bacterias fermentadoras de ácido láctico pueden llegar a ser manifiestos, produciéndose acetato y butirato a partir de azucares y lactato, lo que disminuye las posibilidades de obtener un buen ensilaje.

El empleo de 2-4% de melaza de caña como aditivo mejora el contenido de azucares y de materia seca, lográndose obtener parámetros aceptables de los ensilajes de Pasto Taiwan (Aguilera, Llamas y Shimada, 1992).

Consumo voluntario de ensilajes.

La mejor estimación del valor nutritivo de un alimento es la productividad animal. La productividad es el resultado del consumo, digestión y eficiencia de utilización de los nutrimentos absorbidos. El consumo de nutrimentos totales y la digestibilidad están altamente relacionados en los rumiantes consumiendo forrajes, pero el consumo parece ser más importante en limitar la productividad que la digestibilidad. Está bien establecido que el consumo voluntario de ensilajes por los rumiantes es menor al de heno aun cuando procedan del mismo forraje o cosecha. Este bajo consumo resulta en niveles aún más bajos de producción en aquellos rumiantes alimentados solamente con ensilajes en comparación con forrajes frescos.

El bajo consumo de materia seca se debe principalmente al alto contenido de humedad (bajo contenido de MS), pues hay una limitación física del rumen. También el contenido de ácido láctico, Nitrógeno, y contenido de materia seca están correlacionados positivamente con el consumo. Por el contrario, el contenido de ácido acético y nitrógeno amoniacal disminuyen el consumo voluntario.

Forbes (1986) identifica como factores depresores del consumo voluntario de ensilajes el bajo contenido de materia seca, bajo pH, altos niveles de amonio y a la indisponibilidad de la proteína. Con todos los factores mencionados anteriormente, debería entenderse que una buena alimentación y niveles de producción eficientes, no pueden ser alcanzados exclusivamente con forrajes, independientemente de su calidad y de que sean frescos o conservados. La suplementación con energía (granos, melazas, grasas), proteína (pastas proteicas y fuentes de nitrógeno no proteico), vitaminas (ADE) y minerales (Macro y micro minerales) para una alimentación optima, es esencial para incrementar la producción y rentabilidad de los sistemas de producción de leche, carne y doble propósito de las regiones tropicales.

Beneficios de conservar forrajes por medio del ensilaje.

1. Establecimiento de una cultura de prevención y planeación de la alimentación.
2. Menor dependencia de las condiciones climáticas.
3. Disponibilidad de forrajes de mejor calidad durante la época de escasez.
4. Conservación de la mayoría de las características químicas de los forrajes.
5. Mejor alimentación para una producción eficiente de carne o leche.
6. Incremento en la fertilidad.
7. Disminución de los intervalos entre partos.

8. Disminución de los costos de producción.
9. Mejoría en el precio de la leche durante la estación seca.
10. Incremento en la rentabilidad.

El costo de no hacer el ensilaje.

1. Dependencia completa de las condiciones climáticas.
2. Disminución de la producción de leche.
3. Pérdida de peso de animales en crecimiento y adultos.
4. Sobre pastoreo de los potreros.
5. Perdida de áreas de pastoreo (Necesidad de resiembra).
6. Incremento en la presentación de casos clínicos (morbilidad).
7. Incremento en la mortalidad.
8. Disminución de la fertilidad.
9. Incremento en el intervalo entre parto.
10. Disminución de los ingresos y la rentabilidad de las unidades de producción.

Beneficio/costo.

Generalmente la rentabilidad o relación beneficio/costo de la conservación de forrajes, es una preocupación de aquellos productores distantes de la tecnología y el conocimiento, algunos con pocos recursos y la mayoría temerosos de no recuperar sus esfuerzos y recursos económicos. La disyuntiva de conveniencia o no de ensilar maíz, sorgo o pastos tropicales no debería enfocarse en el ensilaje _per se_, sino más bien en la preocupación y planeación de lo que los rumiantes consumirán, para mantener niveles de producción que garanticen los ingresos y rentabilidad de la empresa ganadera, durante los meses de menor producción de forrajes (Invierno, sequía, etc.). Sin embargo, la gran mayoría de los productores espera que las condiciones ambientales cambien favorablemente y se pueda vivir cómodamente sin inversiones, sin planeación, sin control, sin grandes esfuerzos, sin proporcionar nada adicional en la alimentación (Concentrados y minerales) cosechando solo lo que la naturaleza les proporciona. Para una ganadería rentable, sustentable y competitiva se tienen que incorporar en cada una de las unidades de producción todas las tecnologías disponibles para maximizar la productividad y minimizar los costos de producción. El ensilaje es solamente una tecnología, usada por cierto hace milenios (2500-1500 años A. de C.) por los Egipcios, para evitar el hambre y la desnutrición de humanos y animales.

En términos generales, con el cultivo de Maíz Forrajero (80,000 plantas/ha) para ensilar con la mejor tecnología disponible (semilla, cultivo, fertilización, maquinaria y equipo) se pueden obtener de 45 - 55 toneladas de materia verde/ha.

Para determinar el costo de producción del ensilado podemos usar hojas electrónicas que nos ayuden a estimar el costo aproximado en unos pocos minutos (Cuadro 1). Bajo estas circunstancias de precios, el costo de sembrar, cultivar y ensilar el maíz forrajero es de aproximadamente $15,930.00 por ha. Si el rendimiento es de 45 ton/ ha, el costo del ensilado de maíz puede ser de alrededor de $0.35/ kg o menos, dependiendo del número de hectáreas sembradas, los costos de siembra, fertilizantes, producción total de materia verde y maquinaria empleada eficientemente en cada rancho o región. El uso de semillas "más baratas" con menores rendimientos por ha y el "ahorro" en el uso de fertilizantes incrementaran los costos del ensilado.

Cuando ensilamos una hectárea de maíz forrajero, dispondremos de 45-55 toneladas de ensilado de maíz, mismas son suficientes para alimentar aproximadamente a 25 vacas de 500 kg con producción de 6 litros de leche/día durante 3 meses. Con base en los requerimientos nutricionales (Cuadro 2) de este tipo de animales (NRC, 2001) y formulando a costo mínimo, deberíamos proporcionar aproximadamente 17 kg de ensilado de maíz, 1.8 kg de DDGs (Granos secos de destilería) 75 g de carbonato de Calcio y 61 g de una mezcla mineral con 12% de Fosforo/animal con lo que podemos esperar utilidades por $16,045.00 durante ese periodo (Cuadro 3).

Por el contrario 25 animales, que no reciben suplementación de ningún tipo durante 3 meses de sequía (Cuadro 4), nos arrojan como perdida moderada, la mitad de la producción de leche (de 6 a 3 kg/ vaca/día, $4.00/lt.) que equivaldría a $16,200.00, disminución de la ganancia diaria de peso de los becerros (de 0.6 a 0.3 kg/cbza,

$17.00/kg) $5,163.75, disminución de la fertilidad de 60 a 30% equivalente a 7.5 becerros no nacidos de 30 kg de peso a $17.00/kg, $5,163.75, incremento del intervalo entre partos de 13 a 18 meses, lo que equivale a 5 meses sin gestar ni producir leche, $15,000.00 solo consumiendo pastos ($4.00/día/cbza.). Incremento en la morbilidad del 10 al 20% (Tratamiento de animales enfermos) $2,000.00, incremento en la mortalidad del 2 al 4% (solo una vaca muerta $6,000.00), lo que en conjunto suman alrededor de **$48,188.75**, sin considerar los costos del manejo sanitario y mano de obra en los días que las vacas están vacías e improductivas (Cuadro 5).

Como podemos apreciar resulta más costoso el depender completamente de las condiciones ambientales, que cultivar maíz forrajero para ensilar y alimentar de mejor forma a nuestras vacas, mismas que nos proporcionaran mejores parámetros de producción haciendo rentable esta noble actividad.

Conclusiones.

Los ensilados de maíz o de cualquier otro forraje conservado deben ser valorados por su costo y aporte nutricional. La alimentación de los rumiantes basada en el pastoreo o bien en el suministro de forrajes conservados deberá ser complementada con suplementos concentrados que proporcionen más energía, proteína y minerales para cubrir las necesidades de mantenimiento y producción esperados. Deberá ser el Nutriólogo, auxiliado por programas de formulación de costo mínimo, quien determine las cantidades a proporcionar, para obtener niveles de producción aceptables, que permitan hacer rentable la producción de leche y carne en los sistemas de producción de las áreas tropicales.

Literatura citada

Aguilera, S.R., G. Llamas, L.G., y A. Shimada, M., **1992**. Valor nutritivo del ensilaje de pasto elefante (Pennisetum purpureum, schum) cv Taiwan, adicionado con un inhibidor y dos estimulantes de la fermentación. **Tec. Pec.Méx. 30 (3): 196-207.**

Catchpoole, V.R. and E.F. Henzell, **1971**. Silage and Silagemaking from tropical herbage species. Herbage Abstrcs, 41(3):213

Forbes, J.M., 1986. The voluntary Food Intake of Farm Animals. Butterworth and Co. Ltd London.

INIFAP, 2007. Memoria: Curso-Taller de actualización tecnológica para el cultivo de maíz. Campo Experimental Cotaxtla. CIRGOC. Memoria Técnica Núm. 19. Veracruz, México. 80 p.

McCoullogh, M. E., 1977. Silage and Silage fermentation. Feedstuffs. March 28, 44.

NRC, 2001. Nutrient Requirements of Dairy Cattle. Seventh Revised Edition, 2001. National Academy Press. www.nap.edu

Tinoco A. C.A., F.A. Rodríguez M., J.A. Sandoval R., S. Barrón F., A. Palafox C., V.A. Esqueda E., M. Sierra M., J. Romero M., 2002. Manual de producción de maíz para los estados de Veracruz y Tabasco. INIFAP. CIRGOC. Campo Experimental Papaloapan. Libro Técnico Núm. 9. Veracruz, México. 113 p.

Woolford, M.K., 1984. The silage fermentation. Marcel Dekker, INC-USA.

Zimmer, E., 1971. Factors affecting silage fermentation in silo. International Silage and Research Conference. Washington. Citado por Woolford, 1984.

Cuadro 1. Costo de Producción del Ensilado de Maíz forrajero en Silo de Pastel.

PREPARACION CONVENCIONAL DEL TERRENO	COSTO UNITARIO	DOSIS/ Ha	NUM HAS		SUB-TOTAL
NUM. Has.			1		
CHAPEO	$700.00			$700.00	
BARBECHO	$1,000.00			$1,000.00	
RASTREO	$600.00			$600.00	
2do. RASTREO	$600.00			$600.00	
SIEMBRA					
SIEMBRA MECANIZADA	$600.00			$600.00	
SEMILLAS 80MIL PLANTAS/Ha, KGS	$70.00	30		$2,100.00	
					$5,600.00
FERTILIZACION (132-43-20)					
UREA	$5.20	200		$1,040.00	
SUPERFOSFATO TRIPLE	$6.80	50		$340.00	
MEZCLA (20-10-10)	$6.00	200		$1,200.00	
MANO DE OBRA 2 JORNALES	$150.00	2		$300.00	
					$2,880.00
CONTROL DE MALEZAS					
2, 4D AMINA, LT	$100.00	2		$200.00	
MANO DE OBRA	$150.00	1		$150.00	
					$350.00
LABORES DE CULTIVO					
CULTIVO	$600.00			$600.00	
APORQUE	$600.00			$600.00	
					$1,200.00
COSECHA/ENSILAR					
TRACTORES	$1,000.00	2		$2,000.00	
ENSILADORA	$800.00	1		$800.00	

REMOLQUES	$500.00	2	$1,000.00	
MANO DE OBRA	$150.00	2	$300.00	
HULE PARA CUBRIR EL SILO,	$100.00	12	$1,200.00	
ARENA/TIERRA	$600.00	1	$600.00	
				$5,900.00
COSTO TOTAL				$15,930.00

RENDIMIENTO, Kg/Ha	45,000			
COSTO/Kg DEL ENSILADO	$0.35			

Cuadro 2. Requerimientos indicados por el NRC, 2001.

Requerimientos diarios de una vaca de 500 kg con producción de 6 kg de leche/día		
MATERIA SECA, Kg	9.067	1.81%
MATERIA HUMEDA, Kg	18.625	
PROTEINA CRUDA, g	1040.00	11.14%
Ca, g	39.50	43.00%
P, g	26.20	29.00%

Cuadro 3. Costos de alimentación de acuerdo a los requerimientos nutricionales.

Dieta y Consumo estimado para una producción de 6 kg/día.						
	PRECIO/ KG	Dieta/ día Base Húmeda	MS,%	% Materia Seca	CONSUMO Base Húmeda/día	COSTO DE ALIMENTACION
ENSILADO DE MAIZ	$0.35	89.77	44.00%	39.50	16.720	$5.85
DDGs	$3.00	9.50	89.00%	8.46	1.769	$5.31
CARBONATO DE Ca	$1.20	0.40	99.79%	0.40	0.075	$0.09
MINERALES, FERTIMASS 12%	$13.00	0.33	99.00%	0.33	0.061	$0.80
		100.00		48.68	18.625	$12.05

OTROS COSTOS, 40% MAS						$4.82
COSTO TOTAL						$16.87

Utilidades estimadas de acuerdo a costos de alimentación y costos adicionales de producción

	PRECIO	KG/ VACA/DIA	TOTAL/ DIA	NUM VACAS	SEQUIA, DIAS	LACTANCIA, DIAS
NUM VACAS				25	90	280
PRODUCCION DE LECHE	$4.00	6		150	13,500	
INGRESOS LECHE/VACA			$24.00	$600.00	$54,000.00	
DIFERENCIA INGRESOS -COSTOS ALIM. + O. COSTOS			$7.13			
UTILIDAD/ COSTOS TOTALES				$178.29	$16,045.75	$49,920.11

Cuadro 4. Estimación de pérdidas en diferentes parámetros durante 90 días

PERDIDAS	PRODUCCION				DIAS DE SEQUIA	VACAS VIENTRES	BECERROS
	NORMAL	SIN SUPLEMENTO	COSTO UNITARIO	COSTO/ DIA	90	25	11
PRODUCCION DE LECHE	6	3	$4.00	$12.00	$1,080.00	$16,200.00	
DISMINUCION DE LA GDP	0.6	0.3	$17.00	$5.10	$459.00		$5,163.75
VACAS MUERTAS	2%	4%	$6,000.00			$6,000.00	
MORBILIDAD	10%	20%	$400.00			$2,000.00	
DISMINUCION DE LA FERTILIDAD	60%	30%					$3,825.00
INTERVALO INTERPARTO/ DIAS ABIERTOS	13	18	$4.00			$15,000.00	

Cuadro 5. Resumen de pérdidas durante 90 días.

PERDIDAS TOTALES	$	%
DISMINUCION PRODUCCION DE LECHE	$16,200.00	33.6
DISMINUCION DE LA GDP	$5,163.75	10.7
TRATAMIENTO DE ENFERMOS	$2,000.00	4.2
MORTALIDAD DE ADULTOS	$6,000.00	12.5
MENOR NAC. DE BECERROS, 30 KG $17.00	$3,825.00	7.9
INTERPARTO/DIAS ABIERTOS	$15,000.00	31.1
TOTAL	**$48,188.75**	100.0

Proceso de Conservación de forrajes: Silo.

Recopilación: M.C. Teresa Castillo Martínez.
Estrategia Pecuaria Guerrero 2010.

Introducción.

Uno de los factores más notables dentro de la problemática pecuaria es la alimentación del ganado. El problema de la alimentación, tiene relación con la disponibilidad de forraje, debido a la gran variedad de condiciones climáticas que existen en nuestro país. No todo el año hay condiciones en el campo para que crezcan las plantas que come el ganado; en general existen dos estaciones bien marcadas para la producción de forrajes. Los forrajes, cuando se secan maduros, tienen menor capacidad para alimentar al ganado; si se cosechan verdes se pudren y se pierde lo que costaron; éste es un problema grave para el ganadero por lo cual se debe resolver el problema mediante la conservación de las pasturas.

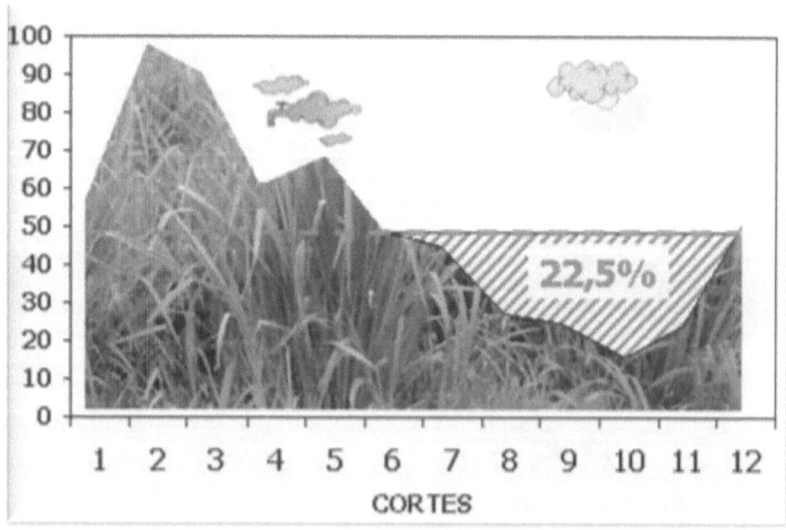

Fig. 14.- Disposición forrajera en todo el año (Curso de capacitación en conservación de forrajes (M.C. Teresa Castillo Martínez, 2010).

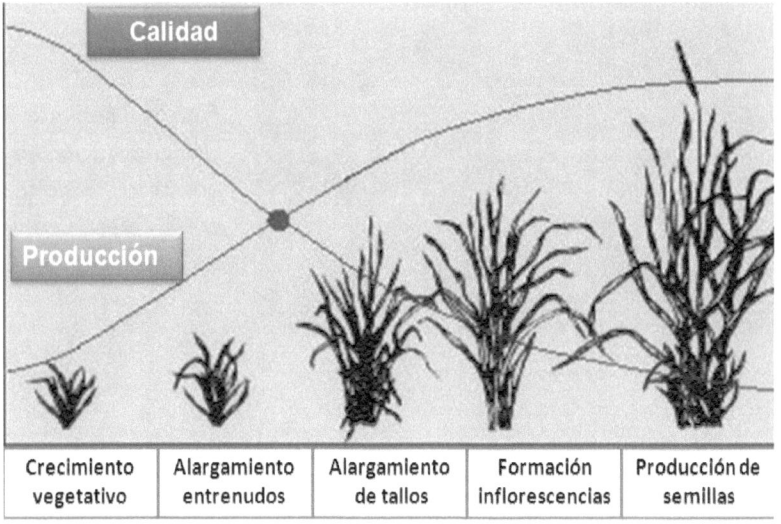

| Crecimiento vegetativo | Alargamiento entrenudos | Alargamiento de tallos | Formación inflorescencias | Producción de semillas |

Fig. 15.- Calidad nutricional del recurso forrajero (Curso de capacitación en conservación de forrajes (M.C. Teresa Castillo Martínez, 2010).

Objetivo de conservación de forrajes mediante Silo.

- Asegurar el alimento que sobre en la época de abundancia, para brindarlo en periodo de estiaje.
- Ofrecer a los animales un alimento de buena calidad en la época de seca.
- Reducir los costos de suplementación en la época de estiaje.

Definición de términos.

- **ENSILAJE.** Es la técnica o método de conservación de forrajes verdes que se logra por medio de una fermentación láctica espontánea bajo condiciones anaeróbicas.
- **ENSILADO.** Es la materia prima fermentada resultado del almacenamiento de los cultivos de alto contenido de humedad.
- **SILO.** Es la construcción donde se prepara la pastura y queda guardada.

Fig. 16.- Ensilado (Curso de capacitación en conservación de forrajes (M.C. Teresa Castillo Martínez, 2010).

Criterios para decidir que especie forrajera ensilar.

* Especie de alto rendimiento de materia seca (MS).
* Alto contenido de carbohidratos solubles.
* Alto contenido de proteína.

Fig. 17.- Calidad nutricional por etapa vegetativa del forraje (Curso de capacitación en conservación de forrajes (M.C. Teresa Castillo Martínez, 2010).

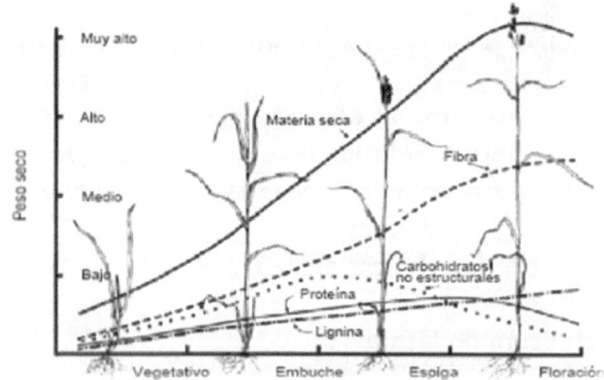

Especie	Momento de corte
Maíz	Grano lechoso masoso
Sorgo	Grano lechoso masoso
Llanero	Entre 40 y 50 días de rebrote
Guinea	Entre 40 y 50 días de rebrote
Tanzania	Entre 40 y 50 días de rebrote
Mombasa	Entre 40 y 50 días de rebrote
Pangola	De 30 a 40 días del rebrote
Estrella	De 30 a 40 días del rebrote
Señal	De 30 a 40 días del rebrote
King grass	De 90 a 135 días del rebrote
Taiwán	De 90 a 135 días del rebrote

Fig. 18.- Especies utilizadas para ensilar (Curso de capacitación en conservación de forrajes (M.C. Teresa Castillo Martínez, 2010).

Importancia de utilizar el ensilado de Maíz:

• Alta producción, ciclo corto y rápido crecimiento.
• Alto valor nutritivo.
• Buenas características de fermentación.
• Conservado como ensilado da un producto de composición uniforme.

Valor nutritivo del ensilaje de Maíz, Sorgo y pasto.

Cultivo	pH	MS %	Digestibilidad %	PC %
Maíz	3.9	27	71	8.5
Sorgo	3.65	27	63	6.3
Taiwán	3.36	28	50	7.7

Fig. 19.- Valor nutritivo del ensilaje de Maíz, Sorgo y Pasto (Fuente: Flores et al, 1984).

Cuando cosechar el Maíz para conservarlo como silo:

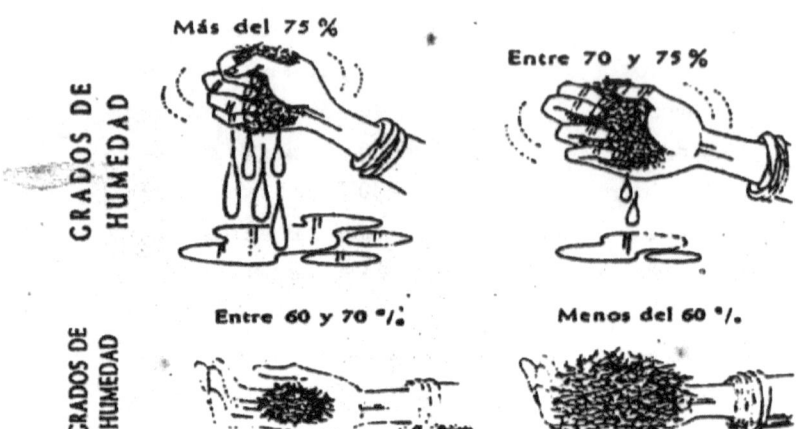

*Fig. 20.- Determinación del punto óptimo para utilizar el Maíz para silo en su estado lechoso masoso (Fuente: **Fuente:** Ball et al 1991).*

Factores necesarios para un buen ensilaje:

- **Troceado de 2 a 4 cm:** Provoca una ruptura elevada de las células por la acción de las cuchillas repicadoras. Atenúa la rigidez propia de los forrajes tropicales, incrementa el consumo de los ensilados y se logran ensilajes más densos y menos expuestos a la deterioración anaeróbica,
- **Llenado del silo lo más rápido posible:** Con la finalidad de evitar la oxidación de nutrientes y desperdicios.
- **Posible uso de aditivos:** Urea 14-17 Kg/tonelada de forraje verde, Melaza 10 a 20 Kg/tonelada de forraje verde, Ácido fórmico 2-3 litros (al 85-90%) por tonelada de forraje verde en gramíneas y en leguminosas 5 litros/tonelada y Formaldehído 6 a 10 litros/tonelada de forraje verde en gramíneas y 10 litros en leguminosas.
- **Adecuada compactación:** Con equipo disponible (tractor, camioneta, tambos, apisonado, etc.

- **Sistema anaeróbico (Cierre del silo):** Con plástico, tierra, arena, etc.

Procedimiento para ensilar:

1) Revisar el estado de madurez del cultivo.
2) Limpieza y preparación del silo o lugar.
3) Preparar la maquinaria, equipo y herramienta necesaria.
4) Corte y picado del forraje.
5) Llenado del silo en capas de 40 a 50 cm.
6) Compactar o apisonar por capas.
7) Adicionar aditivos en caso de ser necesario.
8) Tapar y sellar el silo con un material impermeable y un poco de arena o tierra.

Características de un buen ensilado:

- Estar bien picado, en trozos de 2 a 4 cm.
- Tener alta proporción de grano.
- No presentar hongos de cualquier tipo.
- Tener olor acido agradable.
- Tener color café olivo.
- Tener alrededor de 70% de humedad.

Fig. 21.- Características de un buen silo (Imágenes de M.C. Teresa Castillo Martínez, curso de conservación de forrajes, 2010).

Utilización del ensilado en la dieta:

- No pueden constituir el único alimento en la dieta.
- Requieren ser suplementados con energía y proteína.

Métodos para eliminar estas dificultades:

- Realizar pastoreo restringido.
- Suplementar con heno y concentrado.
- Suministrar forraje.

Consumo de ensilado según la especie:

Tipo de animal	Consumo de ensilado Kg/cabeza/día
Vaca con cría	15
Toro	15
Vaquilla	11
Novillona	8
Becerros	5
Cabras y Ovinos	3

Calculo de superficie a sembrar y tamaño de silo.

Calculo de superficie a sembrar y tamaño de silo:

- *Datos.*
- 40 vacas.
- 5 meses para alimentar con ensilado 15kg./vaca/día.
- 15% de pérdidas en el campo, al momento de ensilar y al momento de darles de comer a las vacas.
- En un metro cúbico caben 600kg de ensilado.
- 40 x 150 días x 15 Kg = 90,000 Kg = 90 toneladas.

- 90 toneladas + 15% de perdidas = 103.5 toneladas.
- Una hectárea de maíz rinde 70 toneladas de forraje para ensilar, entonces necesitamos 103.5/70 ton/ha = 1.48 = 1.5 hectáreas.
- Tamaño del silo. En un metro cúbico caben 600 Kg. de ensilado, entonces necesitamos 103,500/600 = 172.5 metros cúbicos de silo.

Tamaño de los silos (Harlow, 1977).

Toneladas a conservar	Volumen requerido	Medidas en metros		
		Ancho	Profundidad	Largo
5	6.6	1.0	1.0	4.4
10	13.3	1.5	1.0	5.9
15	20.0	2.0	1.0	6.6
20	26.6	2.0	1.0	8.8
25	33.3	2.0	1.0	11.1
30	40.0	2.0	1.5	10.0
35	46.6	2.0	1.5	11.6
40	53.3	2.5	1.5	10.6
45	60	2.5	1.5	12.0
50	66.6	3.0	1.5	11.1
60	80.0	3.0	1.5	13.3
70	93.3	3.0	1.5	15.5
80	106.6	3.0	1.5	17.7
90	120.0	3.0	1.5	20.0
100	133.3	3.0	2.0	17.8

Fig. 22.- Módulos demostrativos realizados en el Proyecto Integral de Capacitación en la región Costa chica de Guerrero (Imágenes de MVZ David Jiménez Rosas, promotor ganadero, 2012).

Fig. 23 y 24.- Llenado de silo de Maíz, Módulos demostrativos realizados en el Proyecto Integral de Capacitación en la región Costa chica de Guerrero (Imágenes de MVZ Gumercindo López Pérez, PSP, 2012).

Fig. 25.- Elaboración de silo en bolsa de plástico en Módulos demostrativos en la sierra de Zihuatanejo, Proyecto Integral de Capacitación en la región Costa Grande de Guerrero (Imágenes de CP. Ranulfo Contreras Moreno, MVZ Heriberto Marroquín Rumbo, promotores ganaderos, 2012).

Los bloques multinutricionales: una estrategia para la época seca.

Autor: Omar Araujo-Febres Departamento de Zootecnia. Facultad de Agronomía. Universidad del Zulia. Maracaibo, ZU 4011. Venezuela.

Introducción.

La producción bovina tropical de doble propósito se basa en los forrajes. Los forrajes tropicales están sometidos a una carga calórica radiante, que supone características estructurales y fisiológicas especiales en la planta, más complejas que las que crecen en climas templados.

Estas plantas se caracterizan por tener en general un crecimiento explosivo durante el periodo de lluvias, y casi completamente ninguno durante el período de sequía. Esto ocasiona que la producción de forraje sea variable, produciendo excedentes durante la época de lluvias y deficiencias durante las de sequía, y el resultado es un pasto con altos contenidos de fibra y bajos niveles de proteína, factores estos que limitan el consumo y la digestibilidad.

El consumo de pastos por los rumiantes varía de acuerdo con la oferta y calidad forrajera, pero es siempre menor en las condiciones tropicales cuando lo comparamos con el consumo de pastos de clima templado. La limitante más importante para el consumo de forrajes es el desequilibrio de los nutrientes, y cuando este desbalance se corrige, se hace presente la baja digestibilidad, lo cual se manifiesta por el ineficiente crecimiento microbial, las cuales requieren un nivel más o menos constante de concentración de amoniaco.

Cuando se suministran suplementos nitrogenados, los animales aumentan el consumo de materia seca, y la digestibilidad de la materia seca de heno se incrementa hasta en 20%. En los rumiantes, a diferencia de los no rumiantes, existe la ventaja de poder suplementar nitrógeno no proteico (NNP), urea en particular, lo cual incrementa la utilización de los forrajes; y aunque esto pareciera una operación simple, conlleva ciertos riesgos, de intoxicación de los animales, que pueden ser superados empleando los bloques multinutricionales, los cuales permiten una liberación de la urea de manera lenta pero continua.

Bloques Multinutricionales.

Los bloques multinutricionales (BM) constituyen una tecnología para la fabricación de alimentos sólidos y que contienen una alta concentración de energía, proteína y minerales. Son preparados utilizando urea, melaza, y un agente solidificante. Adicionalmente puede incluirse, minerales, sal, y una harina que proporcione energía. Generalmente el uso de los BM ha sido como alimentación estratégica durante la época seca, son resistentes a la intemperie y es consumido lentamente por lo que garantiza el consumo dosificado de la urea.

Los bloques se pueden elaborar con gran variedad de ingredientes, dependiendo de la oferta en la finca, en el mercado, la facilidad para adquirirlos y el valor nutritivo de los mismos. Se han realizado diferentes ensayos para determinar la cantidad óptima de cada ingrediente para elaborar BM de excelente calidad nutricional. En el cuadro 1 se puede apreciar un ejemplo de diferentes proporciones de Ingredientes que pueden integrarse.

Diferentes ingredientes y proporciones en que pueden integrar la composición de los bloques multinutricionales.

Melaza (40 %); Urea (5 – 10); Minerales (3 – 8); Cal (8 – 10); Sal (5 – 10); Harina de maíz (15 – 30 %); Afrecho de trigo (15 – 30 %); Heno molido o bagacillo de caña (3 %); y Flor de azufre (0,5%).

Fabricación.

La fabricación de los bloques multinutricionales es fácil y rápida. Con anticipación deben buscarse los materiales necesarios para la elaboración: un barril metálico de 200 litros de capacidad, abierto longitudinalmente y soldado por los extremos, para formar una batea, a la cual se le colocan patas para darle una altura cómoda para el trabajo; moldes plásticos (cuñetes de 19 litros o cualquier envase resistente); un mazo de madera para compactar; y los ingredientes que se van a emplear.

Se realiza de acuerdo con las siguientes etapas:

1.- Pesado de los ingredientes. Se pesan los ingredientes de acuerdo con la fórmula que se va emplear.

2.- Mezclado de los ingredientes. Se coloca la melaza en la batea y luego se añaden todas las sales: sal, minerales y urea y se mezcla uniformemente. Inmediatamente se añade la o las harinas (maíz, afrecho, etc.) hasta obtener una mezcla uniforme.

3.- Agregar la cal. A la mezcla anterior se le abre un surco por el medio, arrimando la mezcla hacia los bordes de la batea, en el surco se coloca la cal con cuidado (levanta mucho polvo), y comienza a mezclarse arrimando hacia un extremo de la batea; luego con cortes transversales se va mezclando hacia el otro extremo de la batea, para lograr máxima uniformidad de la mezcla. El pasto o bagacillo se va añadiendo seco si observemos que la mezcla aún esta húmeda; si la observamos muy seca añadimos el pasto o bagacillo humedecido: Nunca debemos añadir agua a la mezcla.

4.- Moldear los bloques multinutricionales. Cuando la mezcla alcanza un punto de uniformidad y consistencia que podamos apretar un poco en el puño y queda la pelota hecha sin desbaratarse, procedemos a colocar una capa muy fina de pasto seco en el fondo del molde plástico, y añadimos la mezcla de bloque unos 8 cm de alto. Luego procedemos a compactarlo con el mazo, comenzando por la orillas del molde y luego hacia el centro, golpeando uniformemente. Repetimos la operación hasta alcanzar la altura del molde.

5.- Secado de los bloques. Inmediatamente que llenamos el molde, procedemos a desenmoldar el bloque, volteando el molde sobre un papel o plástico, colocado al sol, de tal manera de acelerar el fraguado y secado del bloque; después de 1 o 2 horas al sol, el bloque puede ser almacenado. La experiencia nos irá indicando qué ingredientes y en qué cantidades debemos utilizarlos. Los anteriores son sólo una guía para ilustrar la idea.

Dureza.

El factor que más afecta el consumo es probable que sea la dureza del bloque. La dureza de los BM va a depender de varios factores, entre otros: el nivel de cal, la cantidad de melaza, del tiempo de almacenamiento, grado de compactación y si se cubren o no con una bolsa plástica, que está estrechamente relacionado con el nivel de humedad.

A mayor proporción de cal, mayor será la consistencia alcanzada. Las experiencias de nuestro laboratorio indican que un nivel adecuado de cal está entre 8 y 10 % de la mezcla. En ese mismo encontramos que el endurecimiento podía ser retardado aproximadamente un 25 % al empacar los bloques en bolsas plásticas que los aislaran del medio ambiente; también, ha medida que aumenta el nivel de compactación se incrementa la dureza de los BM y disminuye la humedad. La proporción de melaza también influye sobre la dureza de los bloques. Al utilizar un nivel del 30 % los BM presentaron una apariencia seca, que se desmoronaban al manejarlos, indicando probablemente un deficiente fraguado por falta de humedad, mientras que a niveles de 50 % de melaza, la apariencia de amelcochado y no presentando una consistencia firme; siendo el nivel de 40 % de melaza el óptimo para no tener que utilizar agua como ingrediente. Cuando se fabricaron los BM todos a un tiempo al comienzo del ensayo, y luego fueron utilizados con animales en pastoreo, estos empezaron consumiendo 417 gramos por día y fueron disminuyendo el consumo semana a semana hasta llegar a un consumo de 11 gramos diarios por animal. Esta disminución fue atribuida a un endurecimiento del bloque producto del almacenamiento. Esto fue probado posteriormente al mostrar que los bloques eran más resistentes a medida que transcurría más tiempo de almacenamiento. Resultados similares fueron reportados por otros investigadores, quienes concluyeron que a medida que aumenta la resistencia de los BM disminuye el consumo animal.

El suministro de BM estimula la fermentación ruminal. Los BM son un buen vehículo para proporcionar urea y azufre de una manera lenta y continua para la fermentación ruminal, garantizando un suministro constante de amonio para las bacterias celulolíticas. Los BM mejoran la digestibilidad aparente de la materia seca hasta en un 20% en henos de mala calidad, al permitir mayor eficiencia en la fermentación de la pared celular, aumenta la tasa de pasaje de la ingesta del rumen, facilitando su desocupación e incrementado el consumo.

Los niveles de urea afectan el consumo. En nuestro laboratorio hemos trabajado con mautas de 182 kg de peso inicial, con bloques que contenían 2, 5 y 8% de urea; el consumo de bloque se redujo de 1.124 g a 0.599 g/d (-87%) en los tratamientos que poseían 5 y 8 % de urea, respectivamente, mientras que el consumo de heno aumentaba un 10%; otros autores han señalado una reducción en el consumo de bloques al aumentar la concentración de urea de 5 al 10 %. El animal tiende a regular el consumo cuando los niveles de urea sobrepasan el óptimo para la fermentación ruminal.

Animales en crecimiento.

En México, becerros Criollos de 190 kg de peso inicial, alimentados con rastrojo de sorgo ad libitum, mas 2 kg de un concentrado compuesto por maíz (72,3%), yacija avícola (20,0 %) y pasta de soya (7,7%) y sales minerales; la mitad de los animales no tenían suplementación con bloques nutricionales y la otra mitad si. Los animales que consumían BM obtuvieron una ganancia de peso 20% mayor, una mejor conversión del alimento (6,9 vs 8,2) y una mejor tasa de retorno al ganar 22 dólares adicionales. Los autores señalan que la mayor ganancia de peso es un indicador de una mejor retención de nitrógeno que a su vez refleja una mayor formación de tejidos. En nuestro equipo de trabajo hemos observado un incremento de la retención de nitrógeno hasta de 71 % al suplementar con BM.

En Venezuela, una experiencia con novillas de 212 kg de peso inicial, pastoreando sabanas de suelos pobres en el llano, mostró que los animales suplementados con BM presentaron una ganancia de peso de 300 g/d, mientras el grupo no suplementado obtuvo una pérdida de peso de −182 g/d. En la cuenca del Lago de Maracaibo, utilizamos mautas de 182 kg de peso inicial, en estabulación, y alimentadas a base de heno de <u>Brachiaria</u> decumbens con 4,61 % PC; y fueron suplementadas con BM con diferentes niveles de urea (2, 5, y 8 %). Las mautas con BM ganaron mas peso (261, 443, 404 g/d, respectivamente), mientras los animales sin BM sólo ganaron 38 gramos por día.

Reproducción.

Cuando se suplementaron con BM novillas a partir de los 150 kg de peso inicial, se logró observar que aquellas que recibieron BM ganaron mas peso (vs.) y alcanzaron la pubertad dos meses mas temprano (vs.). Un ensayo realizado en condiciones de sabana pobres de Trachypogon, vacas a pastoreo con BM, la variable "preñada" aumentó entre 10 y 32 % en relación al testigo. La ventaja de la utilización de BM sobre la eficiencia reproductiva es observada mas claramente durante la época seca. Cuando se alarga el periodo seco es cuando mas necesario se hace la suplementación con BM, mientras que en época seca con lluvias esporádicas a mitad de periodo, la respuesta es menos evidente. Al proporcionar BM a vacas postparto se encontró una mayor frecuencia de reinicio de actividad ovárica con respecto al grupo no suplementado (82.76% vs 37.48%). Los BM son una alternativa válida para mejorar la eficiencia reproductiva en vacas lecheras en el trópico.

Producción de leche.

La suplementación de vacas en producción a pastoreo, con BM mostró un efecto positivo sobre la producción de leche. Un ensayo en el estado Táchira, donde las vacas pastorearon potreros de estrella (Cynodon nlemfluensis) y brachiaria (B. decumbens) la respuesta a la suplementación con BM fue de 28,24 y 29,95 %, con un consumo promedio de bloques de 450g/animal/día.

<u>Conclusiones</u>

La suplementación con bloques mutinutricionales a animales en pastoreo presenta muchas ventajas. Estas se ven incrementadas cuando la suplementación es durante la época seca, cuando los pastos presentan la menor calidad nutricional.

El uso de BM, constituidos por melaza, urea, sales minerales, sal común, harina de cereales, cal, y/o harina de hojas de leguminosas han mostrado que mejoran la fermentación ruminal, aumenta el consumo de pasto, aunque éste sea de muy mala calidad; incrementan de peso aun cuando los testigos están perdiéndolo; mejora la reproducción de las vacas y los niveles de producción lechera.

El suministro de BM elimina el riesgo en la utilización de la urea, son económicos en su elaboración y positiva tasa de retorno.

Lecturas Recomendadas.

Aranguren, J., G. Soto, A. Quintero, N. Rojas, y H. Hernández. 1997. Pubertad en novillas cruzadas suplementadas con bloques multinutricionales. Revista Científica FCV-LUZ. 7:185-191.

Araujo-Febres, O. y M. Romero. 1996. Alimentación estratégica con bloques multinutricionales. I Suplementación de mautas en confinamiento. Revista Científica, FCV-LUZ. 6: 45-52.

Araujo-Febres, O., J. Gadea, M. Romero, G. Pirela, C. Castro y S. Pietrosemoli. 1997. Efecto de la dureza de los bloques multinutricionales sobre el consumo voluntario en bovinos mestizos. Arch. Latinoam. Prod. Anim. 5 (Supl. 1): 217-219.

Araujo-Febres, O., M. Graterol, E. Zabala, M. Romero, G. Pirela, S. Pietrosemoli. 1997. Influencia del tiempo, las condiciones de almacenamiento y la concentración de cal sobre la dureza de los bloques multinutricionales. Rev. Fac. Agron. (LUZ). 14: 427-432.

Araujo-Febres, O., J. Vergara López, A. E. Ortega, y M Lachmann. 2001. Influencia del tiempo de almacenamiento de los bloques multinutricionales sobre el consumo y la digestibilidad del heno en corderos. Arch Latinoam. Prod. Anim. 9:104-107.

Birbe, B., E. Chacón, L. Taylhardat, J. Garmendia, D. Mata y P. Herrera. 1998. Evaluación física de bloques multinutricionales que contienen harina de hojas de Gliricidia sepium y roca fosfórica: energía de compactación y humedad en la elaboración de la mezcla. III Taller Internacional Silvopastoril. Estación Experimental de Pastos y Forrajes Indio Hatuey. Central España, Cuba 25 al 27 de noviembre. Memorias pp 161-165.

Mata, D. y J. Combellas. 1994. Influencia de la suplementación con bloques multinutricionales durante la estación seca sobre el comportamiento reproductivo de vacas de carne pastoreando en sabanas de Trachypogon sp. Rev Fac. Agron. (LUZ). 11:365-381.

Pirela, G., M. Romero y O. Araujo-Febres. 1996. Alimentación estratégica con bloques multinu-tricionales. II. Suplementación de mautas a pastoreo durante la época seca. Revista Científica, FCV-LUZ. 6 (2): 95-98.

Pulgar-Lugo, Y., H. Acosta y O. Araujo-Febres. 1997. Influencia de la concentración de melaza, del tiempo y de las condiciones de almacenamiento sobre la dureza de los bloques multinutricionales. Arch. Latinoam. Prod. Anim. 5 (Supl. 1): 214-216.

Soto-Camargo, R., y R. D. Martínez-Rojero. 2001. Utilización de bloques de melaza y urea en la engorda intensiva de becerros criollos. Arch. Latinoam. Prod. Anim. 9:99-103.

Fig. 26.-Capacitación en aula sobre elaboración de bloques multinutricionales en la región costa chica de Guerrero, Proyecto Integral de Capacitación –OPIC-2012 (Imágenes de MVZ David Jiménez Rosas Promotor ganadero).

Fig. 27.- Mezcla de ingredientes para la elaboración de bloques multinutricionales realizado en módulos demostrativos en localidades de la sierra de Zihuatanejo de Azueta, Costa Grande, Guerrero. Proyecto Integral de Capacitación —OPIC- 2012 (Imágenes de MVZ Martín Oliveros Rosas, PSP).

Fig. 28.- Elaboración de Bloques multinutricionales realizado en módulos demostrativos en localidades de la Costa Chica y sierra de Zihuatanejo de Azueta, Costa Grande, Guerrero. Proyecto Integral de Capacitación —OPIC- 2012 (Imágenes de MVZ Martín Oliveros Rosas, PSP y MVZ David Jiménez Rosas Promotor ganadero).

Fórmula para elaborar Bloques Multinutricionales.
Módulos demostrativos PIC -OPIC- 2012.

Insumo	%	Kilos
Mazorca molida.	32%	3.2
Melaza.	39%	3.9
Cemento.	10%	1
Urea.	5%	0.5 gr
Parota molida.	12%	1.2
Sal mineral.	2%	0.2 gr.
	100	10 Kg.

Costo.	$ kilo.	Total
Mazorca molida.	$ 4.00	$ 12.80
Melaza.	$ 4.00	$ 15.60
Cemento.	$ 2.20	$ 2.20
Urea.	$ 10.00	$ 5.00
Parota molida.	$ 2.00	$ 2.40
Sal mineral.	$ 15.00	$ 3.00
	Costo Total	$ 41.00

Manejo reproductivo en ganado bovino productor de leche y de doble propósito.

MVZ.MC. Alfonso Avila Durán; Material del módulo de capacitación PIC.

Bovinos Productores de Leche

En términos generales, el manejo reproductivo se define como el conjunto de actividades o procedimientos tendientes a favorecer la eficiencia reproductiva de los hatos, con el fin de evitar los períodos improductivos; estimulando de esta manera la producción de leche y el nacimiento de reemplazos, principales objetivos de la reproducción. Durante el proceso de la reproducción, es posible identificar una serie de eventos conocidos como índices reproductivos, que se utilizan para juzgar la eficiencia reproductiva en el ganado bovino productor de leche. Dichos índices son: edad a primer parto, Intervalo parto-concepción o días abiertos y la longevidad reproductiva.

Tradicionalmente la evaluación de la eficiencia reproductiva en los hatos lecheros, se hacía en base a los porcentajes de fertilidad; lo anterior no es una medida muy adecuada, ya que en esta forma se Incluye a aquellas vacas que permanecen vacías por .más de 100 días después del parto. Por lo tanto, durante los últimos años se ha considerado que el mejor parámetro para evaluar la eficiencia reproductiva en bovinos productores de leche, es él intervalo interparto.

Se debe tener en mente, que una alta fertilidad índica la habilidad de las hembras para producir becerros a un ritmo relativamente rápido, considerándose como Ideal un período interparto de 12 meses. Por lo anterior, el objetivo primordial de los programas reproductivos en las explotaciones lecheras debe ser el disminuir el Intervalo Interparto en el hato.

En el ganado productor de leche, la eficiencia reproductiva se ve afectada por factores como: anestro posparto y pos-servicio; así como diversos grados de infertilidad, lo que ocasiona Intervalos interpartos prolongados; provocando que la producción de becerros y de leche disminuya durante la vida productiva del animal, ocasionando pérdidas económicas considerables al ganadero.

Importancia del Intervalo entre partos.

En diversos estudios de ciclos reproductivos se ha encontrado, que mientras más días permanezca vacía una vaca después del parto, mayores serán las pérdidas para el productor.

Se ha determinado, que la mitad de la producción láctea de una vaca se obtiene durante los primeros 120 días de lactancia, considerado como el período más eficiente de su ciclo productivo. Si consideramos que la producción de leche sigue una línea descendente a medida que transcurre el tiempo después del parto, vemos la conveniencia de disminuir los Intervalos interpartos, para lograr un mayor número de partos en la vida productiva de un animal y consecuentemente más picos de lactación, lo que se traducirá en mayores ingresos económicos para el ganadero.

Período abierto

Se ha encontrado que cuando el período abierto se prolonga por más de 100 días, el productor sufre graves pérdidas económicas. Tradicionalmente, se recomendaba dar el primer servicio a las vacas después de 60 días del parto. Lo anterior solo dejaba 40 días, o sea, el equivalente de dos ciclos estrales o dos probables servicios, para que la hembra quedara gestante antes de los 100 días y no ocasionara pérdidas. Sí consideramos que en México el promedio de servicios por concepción es mayor de 2, entonces serían muy pocos los hatos en donde se podría acortar el período abierto y por ende, el intervalo interparto.

Una de las formas para obtener períodos abiertos menores de 100 días, es mediante la práctica de inseminar a las vacas después de los 30 días posparto. De esta manera, las hembras tendrán 70 días para inseminarse y quedar gestantes y no pasar a ser animales problema con más de 100 días abiertos. Teniendo como fundamento, diversos trabajos que se han realizado sobre éste tema, se puede decir, que el servicio posparto temprano permite acortar el período abierto, aumentando por lo tanto, la producción de leche. Los animales que se sirven de esta forma, necesitan un mayor número de servicios por concepción, debido a que la fertilidad es relativamente baja. Por otra parte, con estudios bien diseñados se ha demostrado que el servicio posparto temprano no tiene efectos detrimentales sobre la eficiencia reproductiva posterior del animal.

Anestro.

Una de las causas por las que se obtiene una eficiencia reproductiva pobre, es la alta incidencia de anestro en los hatos de bovinos productores de leche. Sin embargo, en un estudio, en el cual se analizaron 5.848 ciclos reproductivos se encontró que del 43.4% de casos de anestro, un 90% de éstos, se debían a fallas en la detección de calores. Se ha determinado que cuando las vacas se observan durante las 24 horas del día, se detecta del 98 al 100% de los animales que presentan celo. Cuando la observación se hace 2 y 3 veces al día, se detecta de 81 el 91% de los animales en estro; pero cuando la observación se realiza durante otras actividades de rutina y se toma como algo secundario, solo se detecta el 56% de las vacas en calor. Por lo tanto, es recomendable que en todos los hatos haya una persona entrenada que se dedique durante una hora en la mañana y una por la tarde a observar a los animales para la detección de celos. Esto se fundamenta en estudios que han demostrado que un 60 a 70% de las vacas muestran signos de calor entre las 6:00 p.m. y 6:00 a.m.

Otro aspecto Importante es la incidencia de anestro después del servicio. Por lo general, el ganadero piensa que toda vaca que no repita calor después de la inseminación está cargada; sin embargo, hasta un 45% de dichos animales pueden estar vacíos. Debido a lo anterior, uno de los servicios más Importantes que el Veterinario puede prestar al ganadero, dentro de su Programa Reproductivo, es el de realizar el Diagnóstico de Gestación a los 35 y 45 días después de la Inseminación Artificial, para detectar oportunamente las vacas que se encuentren vacías o las que presenten gestaciones anormales y dar tratamiento a dichos animales para reintegrarlos a ciclar en el menor tiempo posible.

Tiempo óptimo para Inseminación Artificial.

Otro de los aspectos importantes para la obtención de índices de fertilidad adecuados, es el momento en el cual se debe realizar el servicio. Por lo general, se piensa que cuando la vaca está en calor, en promedio permite la monta homosexual por un período de 18 horas. Sin embargo, en estudios donde los animales se han observado por 24 horas con monitores de televisión, han revelado que las vacas en calor solo se dejan montar de 8 a 10 horas en promedio. El hallazgo anterior debe tomarse en cuenta para elegir el tiempo óptimo del servicio. La recomendación que predomina hasta la fecha es que la hembra que se detecta en celo en la mañana, se debe de servir por la tarde, o viceversa.

Tanto el Veterinario como el ganadero, deben tener presente que la causa más común de la vaca repetidora, es la pobre detección de calores, lo que ocasiona que las vacas no se sirvan o que la Inseminación no se aplique en el momento adecuado. Ocasionando bajos porcentajes de fertilidad. Lo señalado anteriormente, indica que el programa de detección de calores es uno de los factores más Importantes para obtener una eficiencia reproductiva óptima.

Tasa de Concepción.

Por lo general, los Centros de Inseminación Artificial mencionan un 70% de no retorno a estro. Debido a ello, los ganaderos siempre esperan este tipo de fertilidad. Sin embargo, lo que dicho porcentaje de no retorno al celo realmente significa, es que el inseminador no fue llamado nuevamente para servir a un animal ya que pudo cubrirse con monta directa, se envió al rastro o sencillamente no volvió a servirse; por lo tanto, no significa que la hembra esté cargada.

En un estudio realizado en California, con datos de 12,964 servicios, que en promedio la fertilidad a la primera inseminación era de 44.2%. Los rangos de fertilidad fueron de 63.1 y 25.4%. Lo anterior, deja establecido sin lugar a dudas que los porcentajes de concepción de 75% al primer servicio son difíciles de obtener. Se considera que una fertilidad de 50% al primer servicio, confirmado por palpación rectal, es aceptable.

Examen del Tracto Reproductivo.

El objetivo primordial de un programa reproductivo es prevenir y controlar los problemas reproductivos del ganado, para poder mantener intervalos entre partos de 12 a 13 meses; por lo tanto, se debe realizar un examen genital que esté diseñado para incluir animales en diferentes etapas fisiológicas.

Los animales que se revisen semanalmente en un programa reproductivo, deben ser los siguientes; 1) Vaca con retención placentaria; 11) Vacas con exudados vulvares fétidos o purulentos después de una distocia, retención placentaria o cualquier enfermedad puerperal; 111) Vacas que tengan de 25 a 30 días de haber parido, para determinar si el animal está apto para servirse o si se encuentran estructuras en los ovarios que indiquen que la vaca está ciclando; IV) Hembras que no han mostrado calor y aquellas con ciclos anormales; V) Vacas que tengan cuatro servicios o más; VI) Vacas para diagnóstico de gestación.

Ganado de Doble Propósito.

La Mayor Parte de los aspectos de manejo reproductivo mencionados para ganado lechero, deben de implementarse y funcionar con ganado de doble propósito dado que una de sus funciones es la producción de leche. Sin embargo, las ganaderías de doble propósito existentes en el trópico, presentan una problemática muy compleja, por lo que se tiene que aplicar criterios diferentes en algunos conceptos mencionados para ganado lechero; por lo tanto, se discutirá el manejo reproductivo para ganado de doble propósito a continuación.

Antecedentes.

En términos generales, se puede considerar que en "ganado de doble propósito" no existen antecedentes definidos de lo que se pudiera considerar 'manejo reproductivo" de los hatos. En forma contraria a lo que sucede en los hatos especializados en producción de leche, en menor proporción en los de producción de carne y, por diferentes circunstancias, el manejo reproductivo del ganado de doble propósito está regido por la naturaleza más que por el hombre.

Lo anterior, se confirma al observar que con este tipo de ganado de doble propósito y el predominante en las zonas tropicales de Veracruz y Tabasco, México, se utiliza la "monta natural" en el 94.2 y 83.9%, respectivamente. También en "forma natural" se distribuyen las pariciones, ya que únicamente el 1.91 de 'los ganaderos efectúa épocas de empadre. Asimismo, el 59% de las vacas "paren en forma natural" sin ninguna atención al parto y el 86.4% de los sementales son "fértiles por naturaleza", ya que solamente a un reducido número de sementales se les hacen pruebas de fertilidad. Por otra parte, un estudio llevado a cabo por el Gobierno Federal de México estima que el deficiente manejo de los hatos de leche y carne es, entre otros factores, la causa de la baja eficiencia reproductiva de los hatos. Más aún, el nulo manejo reproductivo que prevalece en los hatos bovinos comerciales de doble propósito queda claramente demostrado con las cifras de 18.8 meses de intervalo entre partos y 46 meses de edad para alcanzar su primer parto y un período prolongado de anestro posparto de 130 días, determinados en ranchos comerciales de la zona centro del estado de Veracruz.

Para implementar el manejo reproductivo es necesario, la identificación inicial "en el rancho" del status reproductivo del ganado; por lo tanto, es indispensable un recorrido (en conjunto con el dueño y/o encargado) por instalaciones y potreros de la finca. En forma colateral se observan las facilidades potenciales y limitantes que se tendrán que adecuar al manejo reproductivo, sin alterar mucho la estructura básica y/o social del rancho. Este recorrido permitirá apreciar "in situ" la organización actual del hato y las condiciones generales de los animales.

Una vez realizado lo anterior, se puede programar una(s) visitas al rancho, en la cual se palparán por vía rectal los órganos genitales de las vaquillas (en edad y/o peso para reproducirse) y las vacas. Una exploración similar, además de la evaluación del semen, se debe programar con los toros. Asimismo, es conveniente que el mismo día de la palpación se tome una muestra de sangre y excremento para su análisis en el laboratorio. Todos los resultados diagnósticos se anotarán en sus tarjetas individuales de registro.

Una vez terminadas las acciones anteriores, se considera que se ha iniciado el sistema de monitoreo de cualquier evento reproductivo del hato. Este seguimiento permitirá al Médico Veterinario y al dueño y/o encargado, determinar la eficiencia reproductiva y al mismo tiempo, servir de guía para tomar las acciones que estén relacionadas con la problemática del momento o aquella que se vayan presentando.

En este proceso de seguimiento o monitoreo del hato es importante que el Médico Veterinario tenga, desde un principio, una idea clara de los indicadores de la eficiencia reproductiva y de qué niveles se pueden alcanzar.

CUADRO 1. VIDA UTIL DE GANADO DE DOBLE PROPÓSITO

GRUPO RACIAL PARAMETRO	HOLSTEIN x CEBU	SUIZO x CEBU
Edad al último parto, años	5.5 (44)2	4.6 (15)
Número de partos/vaca	3.2 (140)	2.7 (40)

Registros reproductivos de animales dados de baja.

C.E.P. "La Posta".

Entre paréntesis el número de observaciones para cada valor.

Cuando se diagnostica que uno o varios de los indicadores no están alcanzando un nivel aceptable, se toman las acciones o procedimientos ("manejo") para determinar la causa y corregir la(s) divergencia(s) de un comportamiento reproductivo que se considere adecuado a la ganadería en cuestión.

Cuidados de las becerras(os) en crecimiento y reemplazos

Desde el punto de vista reproductivo, durante esta etapa de la vida de los animales (crecimiento), existen 3 áreas con problemas a resolver, a saber:

a) Una aversión o fracaso a proporcionar facilidades para ofrecer alimentación, mantener pequeños grupos de animales de la misma edad y/o peso y programar una suplementación que asegure un <u>buen crecimiento</u> de cada animal.

b) Una aversión o fracaso para proporcionar el trabajo o un empleado requerido que asegure que cada animal esté cubriendo sus <u>necesidades de crecimiento</u>.

c) incompetencia para saber la cantidad y composición del suplemento de animales en pastoreo, además del tiempo que se necesite para consumir la cantidad asignada.

d) Negligencia para prevenir el aborto de por vida con la vacuna Cepa 19, entre los 6-7 meses de edad.

Lo anterior es consecuencia directa de que, en forma equivocada, al programa de reemplazos se le asigna una prioridad secundarla al ordeño por estar consumiendo recursos (alimento, trabajo etc.) y no producir Ingresos. Sin embargo, las consecuencias son negativas, ya que bajo las condiciones comerciales el ganado de doble propósito está presentando su primer parto por arriba de los 40 meses. Por el contrario, cuando se promueve un crecimiento mediante la solución a la problemática anteriormente planteada en los cuidados de las vaquillas y se asegura mediante la palpación rectal un buen desarrollo del tracto genital, se obtienen resultados alentadores en el inicio de la vida reproductiva de los animales.

Período interparto y acciones colaterales.

Es indiscutible que la frecuencia de presentación del parto en las vacas va a ser determinante en la vida productiva del ganado. Se puede apreciar que esta frecuencia está seriamente afectada en el ganado de doble propósito manejado bajo los métodos tradicionales; sin embargo, ahí mismo se observan resultados más alentadores del período interparto con ganado de doble propósito sujeto a una(s) mejora(s) en el manejo del hato.

Un intervalo entre partos de 12-13 meses es deseable, ya que: 1) Favorece la producción anual y de por vida; 2) Provee de becerros para reemplazos; 3) Reduce los días improductivos o abiertos y 4) puede en su caso, favorecer la producción estacional.

El "manejo reproductivo" o acciones para promover la frecuencia de partos, se describen a continuación:

Cuidados <u>al momento</u> del secado.

a) Explicar y/o entender la razón por la que un animal se tiene que dejar de ordeñar entro 50-60 días antes del parto.
b) Saber si está gestante el animal o confirmar el diagnóstico en caso de que no se haya efectuado. Con cierta frecuencia en el ganado comercial de doble propósito se detecta hasta un 15% de animales horros no gestantes y sin ninguna oportunidad de quedar gestantes, ya que los toros están en el grupo de la ordeña.
e) Evaluar la condición física del animal y determinar las características de la alimentación para este período.

Cuidados durante el período seco.

a) Alimentación adecuada.
b) Dos a tres semanas antes del parto se ubica a los animales en potreros accesibles para facilitar la observación de momentos del parto.

Cuidados al parto.

a) Vigilar su progreso, sin Intervenir en forma prematura; en caso necesario se auxilia al animal, para lo cual se debe contar con un overol, jabón de pastilla, cubo, agua, yodo o benzal, 2 lazos relativamente cortos y guantes desechables de polietileno.

b) Vigilar que la cría tome su calostro y desinfectar su ombligo con yodo al 5%.
c) Observar la comodidad de la vaca y que no presente síntomas de enfermedad.

Cuidados posparto.

a) La serie de cambios fisiológicos que se presentan simultáneamente instantes después del parto, hace necesaria una atención especial en la alimentación del animal y, en particular los casos de inapetencia.
b) Observar, y en su caso atender, los casos en los que la placenta está retenida por 8-12 hs. El tratamiento es por vía intrauterina con la combinación penicilina-estreptomicina o tetraciclina (oxi) 20 ml en un volumen de 30-50 ml de solución salina fisiológica. La remoción manual de la placenta no es recomendable. La aplicación parenteral de escipionato de estradiol (ECP) y antibióticos, coadyuvan a la solución del problema.

El servicio posparto.

Se refiere a todas aquellas vacas con más de 15 días posparto y menos de 5 meses de gestación; se conoce como grupo de la ordeña y es el que requiere de mayor atención y manejo reproductivo en la forma siguiente:

a) Las vacas y/o vaquillas con 28-30 días posparto (antes en los animales con retención de placenta o algún otro trastorno) se someten a la palpación por vía rectal para constatar el estado del tracto reproductor.
b) Todos los animales dados de alta en la revisión ginecológica previa, se sirven por monta o Inseminación al primer calor después de 30 días posparto. Un estudio con 36,276 vacas indica que cada día que se sirve una vaca de menos de 82 y baste 35 días posparto resulta en un acortamiento del intervalo entre partos de 0.9 de un día.

c) Prevenir y, en su caso, solucionar el Síndrome del Estro No Observado (SENO). El comienzo de las medidas preventivas de SENO es el entendimiento del ganadero (o encargado) y de Médico Veterinario, de la trascendencia que implica el reinicio temprano de la actividad reproductiva manifestada en la forma de estro o calor, ya que sin este evento no puede haber servicio; en el caso de hatos en donde no se utiliza la monta natural, se plantea la utilidad del uso de auxiliares en la detección del estro (Ej. toro con pene desviado). Por último, se establece la necesidad de examinar por vía recta todos aquellos animales que no hayan manifestado estro después de 45 días posparto.

Después del examen ginecológico de los animales afectados por SENO, se integran por lo general dos grupos, a saber: 1) aquéllos con presencia de un cuerpo lúteo (en donde se pueden utilizar las prostaglandinas) y que se presenta con más frecuencia en las ganaderías en donde ya existe un avance en las prácticas de manejo del hato y 2) el grupo de animales con ovarios inactivos (estáticos) y/o reducidos de tamaño. Este caso es fácilmente diagnosticado y la causa, por lo general, es un estado de subnutrición en el cual la solución de alimentar más y mejor a las vacas es fácilmente establecida, pero en muchos casos difícil de subsanar o prevenir. Con los animales ubicados en este segundo grupo, pero que tengan buena condición física, se debe intentar el tratamiento con una combinación de 25 mg de progesterona (de un laboratorio de prestigio reconocido) aplicada por vía Intramuscular (IM) durante 5 días consecutivos y 2 mg de ECP al 6o día, también por vía IM. El siguiente cuadro muestra los resultados de este tratamiento utilizado en una ganadería comercial de doble propósito de la zona centro del estado de Veracruz.

TRATAMIENTO DEL ANESTRO POSPARTO EN VACAS DE DOBLE PROPOSITO DE UN RANCHO COMERCIAL DE LA ZONA CENTRO DEL ESTADO DE VERACRUZ

TRATAMIENTO RESPUESTA	A	B
No. de vacas	41	22
Presentación de estro	36 (88)a	7 (32)b
Vacas gestantes/servidas	24 (67)	4 (57)
Vacas gestantes/total	24 (58),	4 (18)b
Porcentajes entre paréntesis		

a, b Distintas literaturas entre tratamientos señalan diferencias ($P<.01$).

Como un aspecto complementario al Síndrome del Estro No Observado (SENO), y desde el punto de vista preventivo, cabe mencionar el método del control de la lactancia; sin embargo éste se tratará más adelante.

d) Examen especial ginecológico y/o de laboratorio de aquellos animales con más de Ires servicios sin quedar gestantes, con presencia de quistes, endometritis, o señalados para una segunda confirmación del diagnóstico de preñez.

e) El diagnóstico de preñez por el método de la palpación rectal es un componente Indispensable en el manejo reproductivo del hato y para el cual, sin duda alguna, el Médico Veterinario líder del Programa de Manejo Reproductivo tiene que mostrar plena capacidad.

Interrelación Lactación-Reproducción.

La interrelación se asocia con: I) La frecuencia del ordeno y/o amamantamiento 2) El nivel de producción y 3) La gestación, ya que los mecanismos fisiológicos involucrados están íntimamente relacionados. En el caso del ganado de doble propósito destaca el efecto negativo del ordeño y/o amamantamiento sobre la reproducción. Se ha reportado un 38.0% de gestación en el grupo "de ordeña" de hatos comerciales en la zona centro de Veracruz. En México, durante los últimos años, se han efectuado numerosos trabajos para resolver el anestro de lactación a través del uso de hormonas exógenas, amamantamiento restringido, destete temporal y precoz, o combinaciones de estos métodos. Recientemente, trabajando con un hato de doble propósito en Balancán, Tab., reportaron resultados promisorios.

EFECTO DEL CONTROL DE LA LACTANCIA Y DESTETE TEMPORAL SOBRE LA FERTILIDAD EN GANADO DE DOBLE PROPOSITO

	GRUPO	
PARAMETRO	1	11
No. de animales	26	29
Parto- 1er estro, días	63.3a	54.5b
Concepción, %	38.48a	72.4b

1= Testigo, rejeguería tradicional;

II= Amamantamiento 1 vez/día/30 min. a.m. + Destete por 48 hs cada 3 semanas desde 20 días posparto hasta destete a 7 meses

a, b Literales diferentes entre tratamientos son diferentes (P .01)

4. Empadre

Las ganaderías de doble propósito al utilizar, en su mayoría, los sementales en empadre continuo todo el año, deben a través del Médico Veterinario hacer un examen físico y de las características seminales de los machos para constatar su fertilidad. Este examen es fundamental y trascendental en el manejo reproductivo de un hato. Cuando se utiliza la inseminación artificial se debe revisar en estática y dinámica, el equipo, la técnica, el semen utilizado, así como determinar las condiciones de trabajo o necesidades, aspiraciones, etc. del técnico inseminador.

Otra alternativa a considerar es la determinación de la distribución deseada de partos o empadre estacional de acuerdo, principalmente, a condiciones estacionales del mercado del producto.

Fig. 29 y 30.- Módulos demostrativos en sincronización de celo e inseminación artificial en la localidad Barranca de la bandera, municipio de Zihuatanejo de Azueta, Costa Grande, Guerrero. Proyecto Integral de Capacitación –OPIC-2012 (Imágenes de MVZ Martín Oliveros Rosas, PSP y C.P. Ranulfo Contreras Moreno, promotor ganadero)

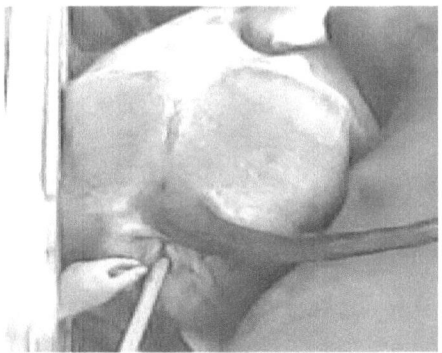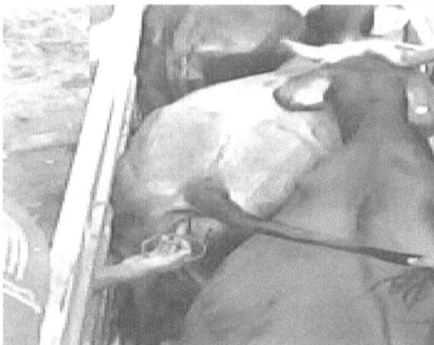

Conclusiones.

En la crisis actual de alimentación, el subsector pecuario es estratégico para la soberanía alimentaria de México, a pesar del estancamiento y retroceso tecnológico que adolecen nuestros productores ganaderos en Guerrero, durante el Proyecto Integral de Capacitación –PIC- mostraron interés en involucrarse en las actividades formativas, adoptando innovaciones a sus ranchos ganaderos como son; la elaboración de silos, bloques multinutricionales, establecimiento de praderas mejoradas, sincronización de celos, inseminación artificial y balanceo de raciones, se comprobó que atendiendo el interés de los participantes en desarrollar su propia ruta de aprendizaje, es fundamental para lograr el éxito, el manual únicamente contiene lo que el productor demandó, una recopilación sobre las principales innovaciones tecnológicas que vivieron y que sirve de guía en el reforzamiento de sus habilidades y conocimientos, este documento es perfectible en el tiempo y se espera que en un segundo componente de este importante programa formativo se pueda robustecer con mayores contenidos temáticos, como son; organización de productores bajo el modelo GAVATT, manejo integral de potreros y pastos, estrategias para el uso y conservación del agua, diseño de proyectos productivos, operación y encadenamiento de rastros intermunicipales, y financiamiento, que son las nuevas necesidades de capacitación y asistencia técnica de los productores del corredor Pacífico Sur Guerrerense.

Agradecimientos.

La Organización para los Pueblos Indígenas y Campesinos,-OPIC-, Asociación Civil, agradece a las instituciones del gobierno federal en especial a la Secretaria de Agricultura, Ganadería, Pesca y Alimentación (SAGARPA) que a través del Instituto Nacional para el Desarrollo de Capacidades del Sector Rural; A.C. (INCA Rural) financio para el diseño y desarrollo del presente manual, en beneficio de productores ganaderos que participaron en el Proyecto Integral de Capacitación –PIC- 2012. Asimismo agradecemos la colaboración de todo el equipo técnico que artículo las acciones del PIC y la recopilación de materiales para la integración de este documento.

C. Tomas Vásquez Sosa.	Vicepresidente y responsable del convenio PIC – OPIC 2012.
M.C. Ramón Alfonso Herrera.	Diseño PIC y Coordinador Académico.
Lic. Moisés Delgado Velasco.	Coordinador Operativo.
MVZ. Gumercindo López Pérez.	Coordinador de Asistencia Técnica.
MVZ. Hebert Pineda Almazán.	Prestador de Servicios Profesionales.
MVZ. Martín Oliveros Rosas.	Prestador de Servicios Profesionales.
MVZ. Carlos Villanueva Torres.	Prestador de Servicios Profesionales.
MVZ. Andrés Barrera	Prestador de Servicios Profesionales.
MVZ. Salvador Anaya Contreras.	Prestador de Servicios Profesionales.
IAZ. Audilón Sotelo Guerrero.	Prestador de Servicios Profesionales.
MVZ. Heriberto Marroquín Rumbo.	Promotor Ganadero.
MVZ. David Jiménez Rosas.	Promotor Ganadero.
MVZ. Pablo García Gómez.	Promotor Ganadero.
MVZ. Silvano Quiroz Álvarez.	Promotor Ganadero.
C. Adulfo Domínguez López.	Promotor Ganadero.
C. Bernardino Aguilar Vargas.	Promotor Ganadero.
MVZ. Félix Campusano Romero.	Promotor Ganadero.
C. Quirino Lorenzo Santos.	Promotor Ganadero.
MVZ. Arturo Ovando Castañón	Promotor Ganadero.
C. Miguel Galindo López.	Promotor Ganadero.
C. Gregorio Hernández.	Promotor Ganadero.
CP. Ranulfo Contreras Moreno.	Promotor Ganadero.

www.ingramcontent.com/pod-product-compliance
Lightning Source LLC
Chambersburg PA
CBHW022009170526
45157CB00003B/1204